"十三五"职业教育规划教材

单片机原理与应用系统设计

主　编　蒋　鹏　朱芙菁
副主编　佘　艳　张春艳
编　写　袁惠娟　丁倩雯
　　　　杜　亮　唐亦敏
主　审　顾　群

中国电力出版社
CHINA ELECTRIC POWER PRESS

内 容 提 要

本书为“十三五”职业教育规划教材。本书在编写过程中结合职业教育的特点，突出应用性、针对性和实践性，以 Intel 公司生产的 MCS-51 系列单片机为例，系统讲解了单片机的结构及原理，并以典型实例作为项目融入各学习任务中。全书共分四篇，有十一个任务、十二个项目。第一篇以简明的方式介绍单片机的基础知识，通过信号灯闪烁系统设计项目，学习仿真软件的使用；第二篇介绍了单片机的硬件结构，通过流水灯模拟系统设计项目，学习指令系统；第三篇通过交通信号灯的设计、可切换显示效果的彩灯设计、数码管静态、动态显示电路的设计、点阵、字符显示图形设计等项目，学习汇编程及 C 语言程序设计；第四篇通过键盘、电子秒表、模拟停车场车位显示系统设计等项目，学习中断、定时/计数器、串行、键盘、显示器等接口设计与编程。

本书可作为高等职业技术学院、高等专科学校、成人高校及本科院校中的二级职业技术学院电子、电气、自动化、机电一体化等专业的教学用书，也可作为从事单片机开发的工程技术人员的参考用书。

图书在版编目（CIP）数据

单片机原理与应用系统设计 / 蒋鹏，朱芙菁主编. —北京：中国电力出版社，2015.8
“十三五”职业教育规划教材
ISBN 978-7-5123-7964-0

Ⅰ. ①单…　Ⅱ. ①蒋…　②朱…　Ⅲ. ①单片微型计算机－高等职业教育－教材　Ⅳ. ①TP368.1

中国版本图书馆 CIP 数据核字（2015）第 146327 号

中国电力出版社出版、发行
（北京市东城区北京站西街 19 号　100005　http://www.cepp.sgcc.com.cn）
北京雁林吉兆印刷有限公司印刷
各地新华书店经售
*
2015 年 8 月第一版　　2015 年 8 月北京第一次印刷
787 毫米×1092 毫米　16 开本　11 印张　263 千字
定价 **22.00** 元

前　言

随着人们对智能化产品需求的提高，单片机已在各行各业得到了广泛应用。在编写本书的过程中，我们将理论、实验、产品开发三者有机结合，以 Intel 公司生产的 MCS-51 系列单片机为例，系统讲解了单片机的结构及原理，结合众多的项目实例，从简单到复杂，逐步扩展，给读者一种系统、完整、清晰的学习思路，本书有以下特点：

（1）内容全面、结构完整。全书有十一个任务、十二个项目，依次介绍了单片机的基础知识、单片机的硬件结构、仿真软件的使用、汇编程序设计、C 语言程序设计、中断控制、定时/计数器、I/O 接口扩展、显示器接口设计与编程等。

（2）突出应用性、针对性和实践性。为了便于读者进一步理解和巩固各项目所学知识，我们在每个项目中都给出了一个典型综合应用实例，并给出了其硬件设计方案和涉及的全部程序，每个项目典型综合应用实例的软硬件设计都可以通过 Proteus 软件进行仿真测试，从而最大程序上方便读者学习并提高实际操作能力。

（3）任务选取合适，条理清晰，符合认知规律。各部分内容都是采用实例和软件仿真方式编写，具有汇编评议和 C 语言两种编程方法的介绍，使知识通俗易懂、直观明了，能帮助初学者尽快入门，使有一定基础者熟练和深化知识。建议教学安排在多媒体教室进行，边讲解边演示，结合多媒体课件，使教学内容直观形象，特别是进行软件仿真、硬件仿真与产品模拟，效果会更好。

（4）注重理轮与实践相结合。本书的内容从实用角度出发，加强了设计性环节的指导，将实用技能的培养放在首位，加强硬件故障排除方法和软件调试过程的指导，建议配合课程进行 1～2 周的实训，通过具体设计并制作某一电子产品，使学生逐步掌握产品设计开发的全过程。

本书由无锡科技职业学院蒋鹏、朱芙菁担任主编，佘艳，张春艳担任副主编，袁惠娟、丁倩雯、杜亮、唐亦敏参与本教材编写。其中第一篇、第二篇由朱芙菁负责统稿，第三篇、第四篇由蒋鹏负责统稿。全书由顾群副教授主审。

限于编者水平，书中疏漏与不当之处在所难免，敬请广大读者批评指正。

编　者

2015 年 6 月

目　录

第一篇

单 片 机 入 门

- 了解单片机的基本概念、发展历史及常见产品。
- 了解单片机的应用领域及未来发展趋势。
- 了解 MCS-51 系列单片机的特点。
- 理解单片机中的数制。
- 理解单片机应用系统开发流程。
- 掌握数字电路的基础知识。
- 掌握使用 Keil C 软件和 Proteus 软件进行系统仿真的方法。

任务一 单片机简介

一、单片机的基本知识

单片微型计算机简称为单片机（Single Chip Microcomputer，SCM），它是微型计算机发展中的一个重要分支，将中央处理器（CPU）、存储器（RAM、ROM）、定时器/计数器、输入/输出（I/O）接口等集成到一块芯片上，又称为微控制器（MCU）。

单片机除了具备微处理器的功能外，还可以单独地完成现代工业控制所要求的智能化控制功能，这也是单片机最大的特点。

单片机具有集成度高、功能强、速度快、体积小、功耗低、使用方便、性能可靠、价格低廉等特点，以其独特的结构和性能，越来越广泛地应用到工业、农业、国防、网络、通信以及人们的日常工作和生活领域中。

二、单片机发展概况

单片机诞生于20世纪70年代，它的发展大致分为三个阶段。

第一阶段（1976～1978年），Intel公司推出的MCS-48单片机，片内有8位中央处理器（称8位机）、并行I/O口、8位定时器/计数器以及容量有限的存储器，该单片机有简单的中断功能，随后相关公司都争相推出各自的单片机，如GI公司推出的PIC1650系列单片机和Rockwell公司推出的与6502微处理器兼容的R6500系列单片机。

第二阶段（1978～1981年），Motorola公司推出了M6800系列单片机，而Zilog公司则推出了Z8系列单片机。1980年，Intel公司在MCS-48系列基础上又推出了高性能的MCS-51系列单片机。这类单片机均带有串行I/O口，定时器/计数器为16位，片内存储器容量都相应增大，并有优先级中断处理功能，单片机的功能、寻址范围都比早期的扩大了，它们是当时单片机应用的主流产品。

第三阶段（1982年至今），1982年Mostek公司和Intel公司先后推出了性能更高的16位单片机MK68200和MCS-96系列，NS公司和NEC公司也分别在原有8位单片机的基础上推出了16位单片机HPC16040和μPD783××系列。1987年，Intel公司宣布了性能比8096单片机高两倍的CMOS型80C196单片机。1988年，Intel公司推出带EPROM的87C196单片机。由于16位单片机推出的时间较迟，并且价格昂贵，开发设备有限，至今还未得到广泛应用。而8位单片机已能满足大部分应用的需要，因此在推出16位单片机的同时，高性能的新型8位单片机也不断问世。例如，Motorola公司推出了带有A/D和多功能I/O的68MC11系列，Zilog公司推出了带有DMA功能的Super8，Intel公司在1987年也推出了带有DMA和FIFO的UPI-452等。

与计算机的CPU芯片的飞速发展不同，单片机的发展并不是完全推陈出新，不同档次的单片机都有自己的应用市场。对于简单的电子小商品来说，4位单片机完全满足需求并且价格低廉；8位单片机仍将是单片机市场的主流产品；16位和32位单片机随着技术发展和开发成本的下降，会在更多科技产品中大显身手。从单片机结构上看，整体的发展趋势是朝着小容量、低价格和大容量、高性能两个方向发展的。另外，将需要的外围电路纳入芯片之中，形成系统级芯片（System on a Chip，SoC）是单片机发展的一个热点。

三、单片机的应用领域

单片机应用广泛，大致可分为以下几个方面。

1. 在智能仪器仪表中的应用

单片机具有体积小、功耗低、控制功能强、扩展灵活、微型化和使用方便等优点，广泛应用于仪器仪表中，结合不同类型的传感器，可以实现如电压、功率、频率、湿度、温度、流量、速度、厚度、角度、长度、硬度和压力等物理量的测量。采用单片机控制使仪器数字化、智能化和微型化，其功能比采用电子或数字电路更加强大。

2. 在工业控制中的应用

工业自动化能使工业产品的生产处于最佳状态，是提高经济效益、改善产品质量和减轻劳动强度有效的科技手段。单片机广泛应用于工业自动化控制系统中，无论是数据采集、过程控制，还是生产线上的机器人系统，单片机都融入其中并发挥着重要的作用，如数控机床、汽车安全技术检测、各种报警系统等。

3. 在家用电器中的应用

现在的家用电器基本上都采用了单片机控制，如洗衣机、冰箱、空调、微波炉、电视机、VCD、音响设备、手机等。

4. 在计算机网络和通信领域的应用

现代的单片机普遍具备通信接口，可以很方便地与计算机进行数据通信，为在计算机网络和通信设备间的应用提供了极好的物质条件，现在的通信设备基本上都实现了单片机智能控制，如手机、电话、小型程控交换机、楼宇自动通信呼叫系统和列车通信系统等。

5. 在医用设备领域中的应用

单片机在医用设备中的用途也相当广泛，如呼吸机、各种分析仪、监护仪、超声诊断设备以及病床呼叫系统等。

此外，单片机在工商、金融、科技、教育和国防航空等领域的应用也十分广泛。

四、数制

数制即计数体制，它是按照一定规则表示数值大小的计数方法。日常生活中最常用的计数体制是十进制，在单片机中，所有信息（包括数值、字符、汉字、指令等）的存储、处理与传送都是采用二进制的形式。二进制数中只有“0”和“1”两个数字符号，利用二进制数进行操作和运算比较符合机器的特点。二进制数的运算规则如表 1-1 所示。

表 1-1　二进制数的运算规则

加法运算	减法运算	乘法运算
0+0=0	0–0=0	0×0=0
0+1=1	0–1=1（向高位借 1）	0×1=0
1+0=1	1–0=1	1×0=0
1+1=0（向高位进 1）	1–1=0	1×1=1

二进制运算简单、可靠性高、易于实现，但是阅读与书写比较复杂。对于任何一个数，都可以用不同的进制来表示，除了二进制，还经常使用八进制和十六进制。表 1-2 对比列出了单片机常用数制的特点、基数、位权和所用数字符号。

表 1-2 单片机常用数制的特点、基数、位权及数字符号

	二进制	八进制	十六进制
特点	逢二进一	逢八进一	逢十六进一
基数	2	8	16
位权	2^k	8^k	16^k
数字符号	0，1	0～7	0～9，A～F

为了区别不同数制的数据，表示时通常在数字后面使用一个英文字母作为后缀。十进制使用 D，二进制使用 B，八进制使用 O 或 Q，十六进制使用 H。例如，156D，10101100B，27O，9FH。也可以使用下标标注，如 $(156)_{10}$、$(10101100)_2$、$(27)_8$、$(9F)_{16}$。没有加下标和后缀字母的数值默认为十进制。

1. 十进制

十进制（Decimal）是最常使用的数制。在十进制中，共有 0～9 十个数码，它的运算规则是“逢十进一，借一当十”，因此称为十进制。在十进制中，同一数字符号在不同的数位中代表的数值不同。假设某个十进制数有 n 位整数，m 位小数，则任何十进制数 N 均可表示为

$$N_{10}=\sum_{i=-m}^{n-1} k_i 10^i \tag{1-1}$$

其中，k_i 为第 i 位的系数，可取值为 0，1，2，…，9；10^i 为第 i 位的权；10 为进位基数。基数和权是进位制的两个要素，利用基数和权可以将任何一个数表示成多项式的形式。例如，十进制数 546.9 可表示为

$$(546.9)_{10}=5\times10^2+4\times10^1+6\times10^0+9\times10^{-1}$$

这种方法称为多项式表示法或按权展开式。

2. 二进制

二进制（Binary）数中只有 0、1 两个数字符号，所以运算规则是“逢二进一，借一当二”，各位的权为 2^i，k^i 为第 i 位的系数。假设某个二进制数 N 有 n 位整数、m 位小数，则任何一个二进制数 N 均可表示为

$$N_2=\sum_{i=-m}^{n-1} k_i 2^i \tag{1-2}$$

利用式（1-2）可以将任何一个二进制数转换为十进制数。

3. 八进制

八进制（Octal）有 0、1、2、3、4、5、6、7 八个数码，基数为 8，它的运算规则是“逢八进一，借一当八”。任意一个八进制数 N 可表示为

$$N_8=\sum_{i=-m}^{n-1} k_i 8^i \tag{1-3}$$

利用式（1-3）可将任意一个八进制数转换为十进制数。

4. 十六进制

十六进制（Hexadecimal）数采用 16 个数码，采用的运算规则是“逢十六进一，借一当

十六”。这 16 个数码是 0、1、2、3、4、5、6、7、8、9、A（对应于十进制数中的 10）、B（11）、C（12）、D（13）、E（14）、F（15）。十六进制数的基数是 16。

仿照式（1-1），任意一个十六进制数 N 可表示为

$$N_{16}=\sum_{i=-m}^{n-1}k_i 16^i \tag{1-4}$$

利用式（1-4）可将任意一个十六进制数转换为十进制数。

二进制数与八进制数、十进制数、十六进制数之间的对应关系如表 1-3 所示。

表 1-3　　二进制数与八进制数、十进制数、十六进制数之间的对应关系

十进制数（D）	二进制数（B）	八进制数（O）	十六进制数（H）	十进制数（D）	二进制数（B）	八进制数（O）	十六进制数（H）
0	0	0	0	9	1001	11	9
1	1	1	1	10	1010	12	A
2	10	2	2	11	1011	13	B
3	11	3	3	12	1100	14	C
4	100	4	4	13	1101	15	D
5	101	5	5	14	1110	16	E
6	110	6	6	15	1111	17	F
7	111	7	7	16	10000	20	10
8	1000	10	8				

5. 不同数制之间的相互转换

（1）二进制转换成十进制。

【例 1-1】 将二进制数 10101.101 转换成十进制数。

解 将每一位二进制数乘以位权，然后相加，可得

$$\begin{aligned}(10101.101)B&=1\times2^4+0\times2^3+1\times2^2+0\times2^1+1\times2^0+1\times2^{-1}+0\times2^{-2}+1\times2^{-3}\\&=(21.625)D\end{aligned}$$

（2）十进制转换成二进制。

【例 1-2】 将十进制数 23.562 转换成二进制数。

解 根据整数部分“除 2 取余”，小数部分“乘 2 取整”法，按如下步骤转换。

整数部分：

2 | 23 ………余1 b_0

2 | 11 ………余1 b_1

2 | 5 ………余1 b_2

2 | 2 ………余0 b_3

2 | 1 ………余1 b_4

0

（读取次序：↑ 自下而上）

小数部分：

0.562×2=1.124……1……b_{-1}

0.124×2=0.248……0……b_{-2}

0.248×2=0.496……0……b_{-3}

0.496×2=0.992……0……b_{-4}

0.992×2=1.984……1……b_{-5}

0.984×2=1.968……1……b_{-6}

（↓ 自上而下）

则(23.562)D=(10111.100011)B

（3）二进制和八进制互换。

由于八进制基数为 8，而 $8=2^3$，即一位八进制数对应三位二进制数，因此，二进制数转换成八进制数方法是从小数点开始向左右两边每三位分为一组，对应一位八进制数，不足三位时补 0 即可。

同理，八进制数转换成二进制数方法是把每一位八进制数转换成相应的三位二进制数。

【例 1-3】 将二进制数 11001.1 转换成八进制数。

解 (11001.1)B＝(31.4)O

【例 1-4】 将八进制数 417.64 转换成二进制数。

解 (417.64)O＝(100 001 111.110 100)B

（4）二进制和十六进制互换。

由于十六进制基数为 16，而 $16=2^4$，即一位十六进制数对应四位二进制数，因此，二进制数转换成十六进制数方法是从小数点开始向左右两边每四位并为一组，对应一位十六进制数，不足四位时补 0 即可。

同理，十六进制数转换成二进制数方法是把每一位十六进制数转换成相应的四位二进制数。

【例 1-5】 将二进制数 1001101.100111 转换成十六进制数。

解 (1001101.100111)B＝(0100 1101.1001 1100)B＝(4D.9C)H

【例 1-6】 将十六进制数 6E.3A5 转换成二进制数。

解 (6E.3A5)H＝(110 1110．0011 1010 0101)B

任务二 单片机应用系统介绍

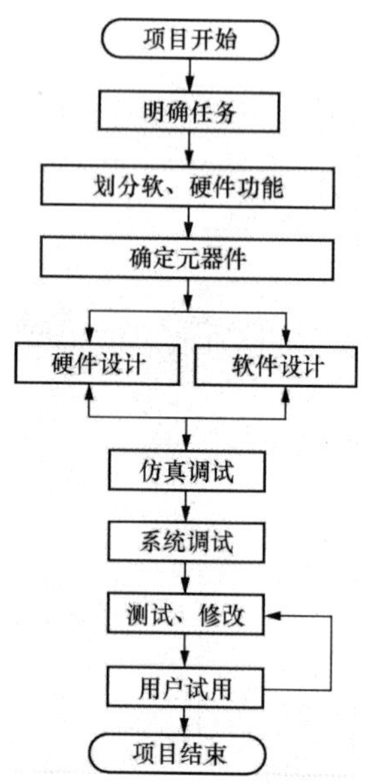

图 1-1 单片机系统开发流程

一、单片机应用系统开发流程

单片机的学习是为了更好的应用和开发，单片机应用系统的开发流程如图 1-1 所示。

1. 明确任务

分析和了解项目的总体要求，并综合考虑系统使用环境、可靠性要求、可维护性及产品的成本等因素，制定出可行的性能指标。

2. 划分功能

单片机系统由软件和硬件两部分组成。在应用系统中，有些功能既可由硬件来实现，也可以用软件来完成。硬件的使用可以提高系统的实时性和可靠性，使用软件实现，可以降低系统成本，简化硬件结构。因此在总体考虑时，必须综合分析以上因素，合理地制定硬件和软件任务的比例。

3. 确定部件

根据硬件设计任务选择能够满足系统需求并且性价比高的单片机及其他关键元器件，如 A/D 转换器、D/A 转换器、传感器、放大器等，这些元器件需要满足系统精度、速度以及可靠性等方面的要求。

4. 硬件设计

根据总体设计要求以及选定的单片机及其他关键元器件，利用 Protel 等软件设计出应用系统的电路原理图。

5. 软件设计

在系统整体设计和硬件设计的基础上，确定软件系统的程序结构并划分功能模块，然后进行各模块程序设计。

6. 仿真调试

软件和硬件设计结束后，需要软硬件的整合调试阶段。为避免浪费资源，在生成实际电路板之前，可以利用 Keil C51 和 Proteus 软件进行系统仿真，出现问题可以及时修改。

7. 系统调试

完成系统仿真后，利用 Protel 等绘图软件，根据电路原理图绘制 PCB（Printed Circuit Board，印制电路板）图，然后将 PCB 图交给相关厂商生产电路板。拿到电路板后，为便于更换元器件和修改电路，可首先在电路板上焊接所需芯片插座，并利用编程器将程序写入单片机。接下来将单片机及其他芯片插到相应的芯片插座中，接通电源及其他输入、输出设备，进行系统联调，直至调试成功。

8. 测试修改、用户试用

经测试检验符合要求后，将系统交给用户试用，对于出现的实际问题进行修改完善，系统开发完成。

项目一　信号灯闪烁系统设计

前面我们已经了解了单片机系统的开发过程，下面我们通过制作一个最简单的单片机系统——信号灯闪烁系统，让大家了解单片机产品的设计过程。

1. 设计要求

在单片机的 P0.0 端口上接一个发光二极管（LED）L1，编制程序使 L1 不停地一亮一灭，时间间隔为 0.2s。

2. 硬件设计

系统采用单片机 MCS-51 系列。电路原理图如图 1-2 所示，包括电源电路、时钟电路、复位电路和 LED 信号灯电路。

3. 软件设计

程序流程图如图 1-3 所示，程序如下。

汇编程序：

```
ORG 0000H
START:CLR P0.0          ;P0.0 引脚输出低电平使 L1 亮
      LCALL DELAY       ;调用延时 0.2s 子程序
      SETB P0.0         ;P0.0 引脚输出高电平使 L1 熄灭
      LCALL DELAY       ;调用延时 0.2s 子程序
      LJMP START        ;重新开始
DELAY:MOV R5,#4         ;延时子程序,延时时间为 0.2s
LOOP1:MOV R6,#20
```

```
LOOP2:MOV R7,#123
      DJNZ R7,$
      DJNZ R6,LOOP2
      DJNZ R5,LOOP1
      RET
      END
```

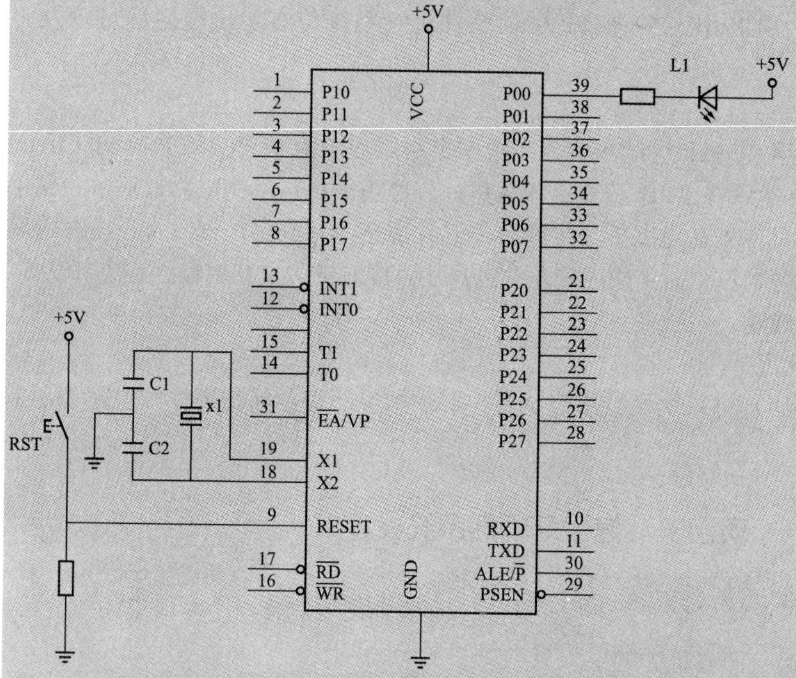

图 1-2 电路原理图

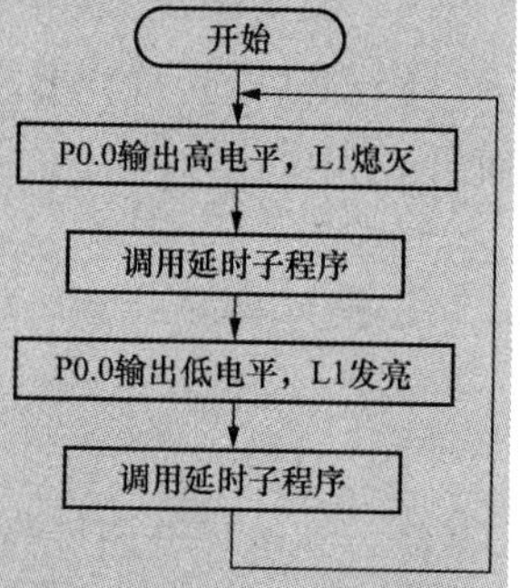

图 1-3 程序流程图

C 程序：

```
#include<reg51.h>
#define uint unsigned int
#define uchar unsigned char
sbit LED=P0^0;
/*----------------------------------
        延时子函数
----------------------------------*/
void delay(uint xms)
{
uint i,j;
for(i=xms;i>0;i--)
for(j=110;j>0;j--);
}

/*----------------------------------
```

```
        主函数
---------------------------------*/
main()
{
while(1)              //无限循环
    {
    LED=!LED;         //LED 状态取反
    delay(200);       //调用延时函数延时 0.2s
    }
}
```

二、Keil C51 仿真软件的使用

Keil C51 是美国 Keil Software 公司出品的 MCS-51 系列兼容单片机的开发系统，利用它可以编辑、编译、汇编、链接 C 程序和汇编程序，创建 HEX 文件并可对目标程序进行调试。

Keil C51 包括多个组成部分，这里我们使用其中的 Windows 应用程序 μVision4，利用它来生成 Proteus 仿真软件中需要的 HEX 文件。

步骤 1 打开 μVision4，开发界面如图 1-4 所示，包括文件工具栏、编译工具栏、工程窗口以及输出窗口等。

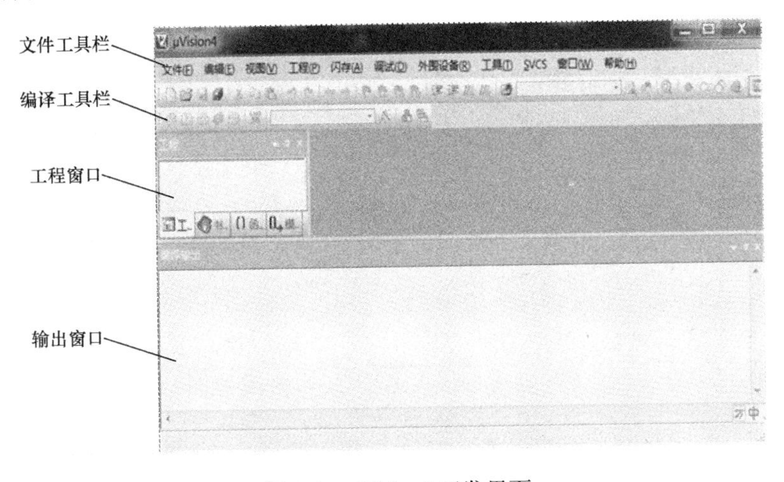

图 1-4 μVision4 开发界面

步骤 2 首先新建一个工程，如图 1-5 所示，选择文件工具栏中“工程”→“新建 μVision 工程”命令，在弹出的保存窗口中选择工程文件的保存位置，填写文件名，如图 1-6 所示，单击“保存”按钮。

步骤 3 在弹出的 CPU 选择对话框中选择 80C51 系列芯片，如图 1-7 所示，然后单击“确定”按钮。

步骤 4 单击文件工具栏中的新建文件按钮，在编辑区域编辑汇编源程序，如图 1-8 所示；编辑完成后，单击文件工具栏中的保存文件按钮，将汇编源程序保存为“.asm”，将 C 源程序保存为“.C”形式的文件，如图 1-9 所示。

步骤 5 在工程窗口中，将“目标 1”文件夹打开，右击源组 1，在弹出的快捷菜单中选择“添加文件到组‘源组 1’”选项，在打开的对话框中选择汇编源文件，并单击“添加”按

钮，将其加入，整个过程如图 1-10 所示。

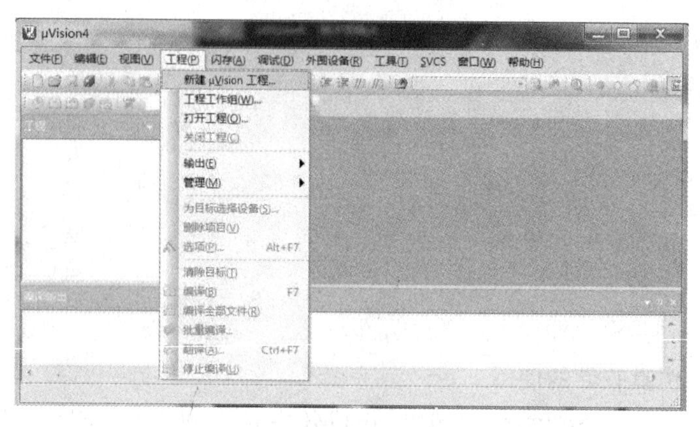

图 1-5 新建工程

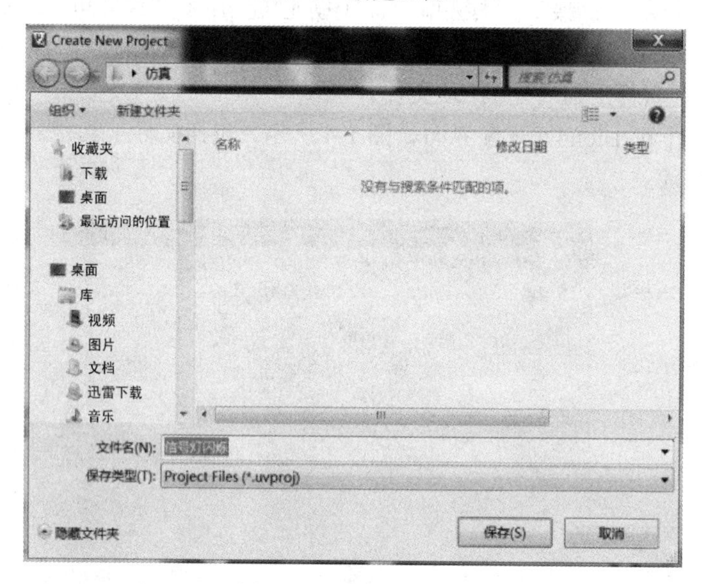

图 1-6 选择保存位置

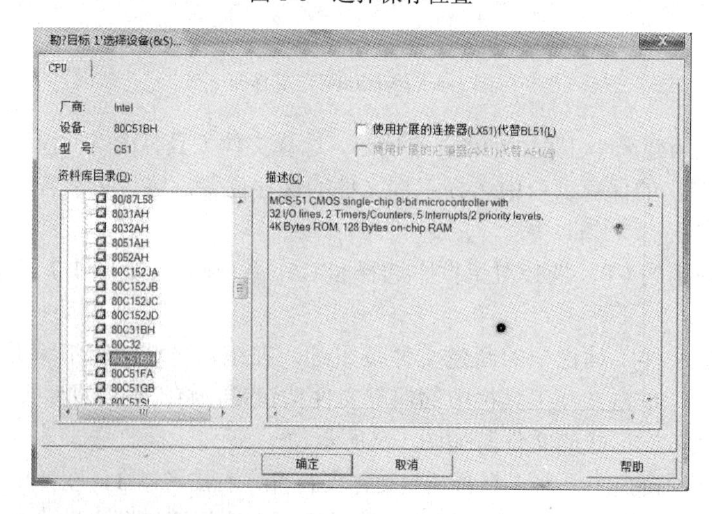

图 1-7 选择芯片

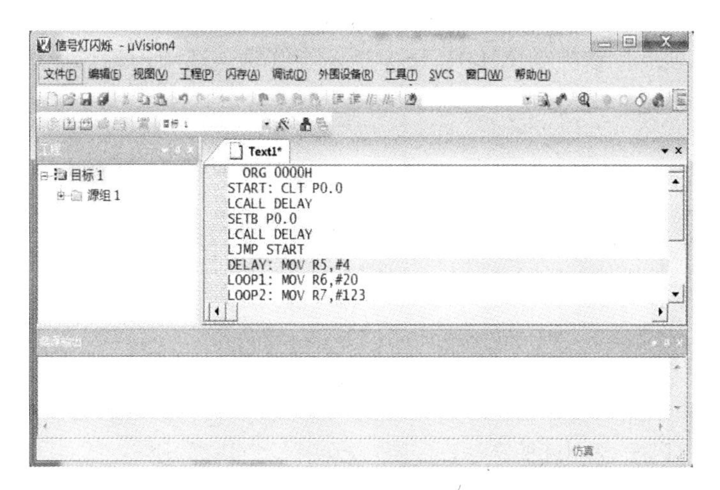

图 1-8　编辑汇编源程序

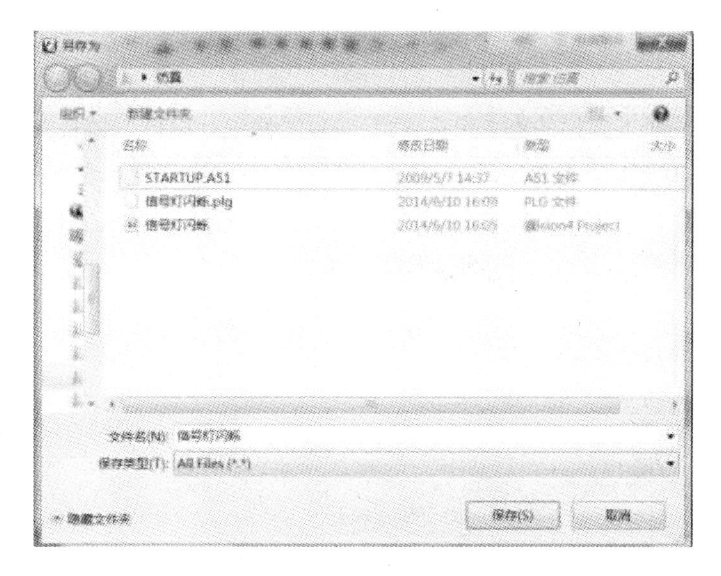

图 1-9　保存源程序

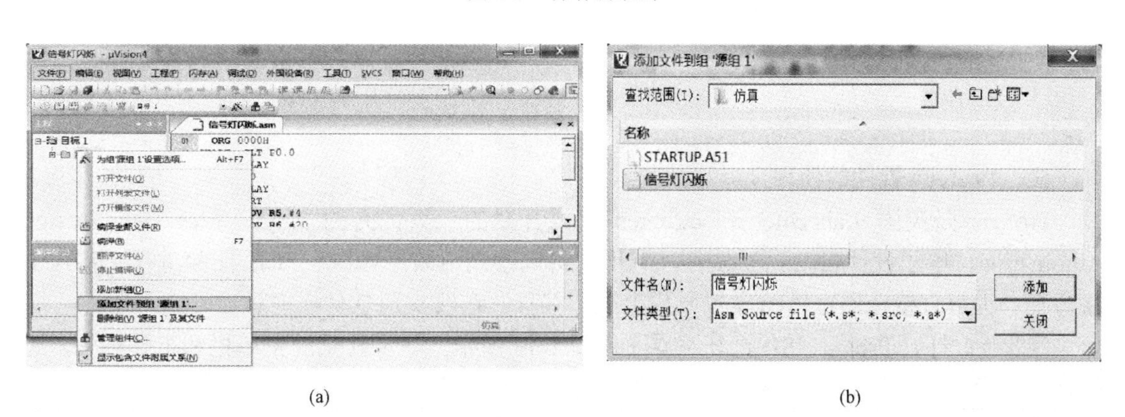

(a)　　　　(b)

图 1-10　将汇编源文件加入工程中

步骤 6 如图 1-11 所示，右击目标 1，选择“为目标目标 1 设置选项”，在弹出的对话框中打开“输出”选项卡，参照如图 1-11（b）所示设置输出选项，勾选“产生 EXE 文件”复选框，然后单击“确定”按钮。

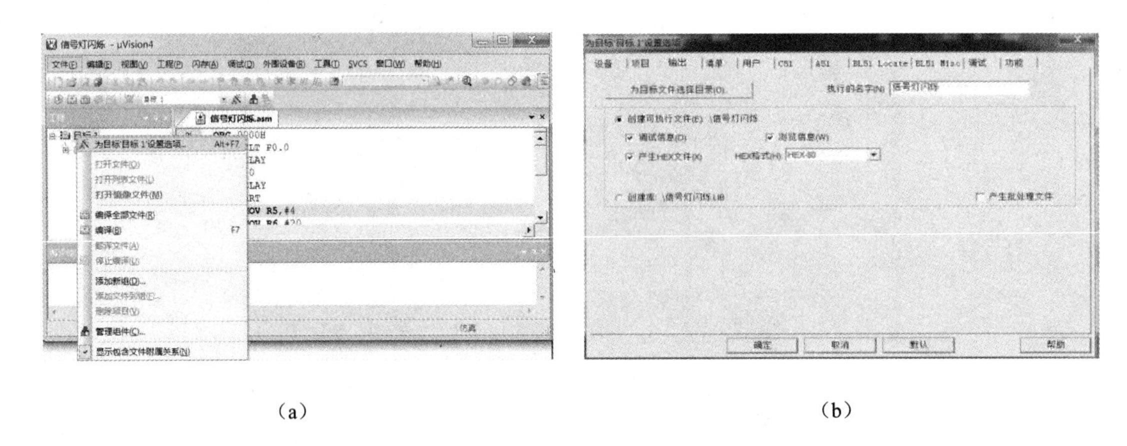

（a）　　　　　　　　　　（b）

图 1-11　设置文件输出形式

步骤 7 单击编译工具栏的按钮，对汇编源文件进行编译、链接，如图 1-12（a）所示，在输出窗口将看到信息提示，在保存工程的文件夹中将生成“.hex”文件，如图 1-12（b）所示。

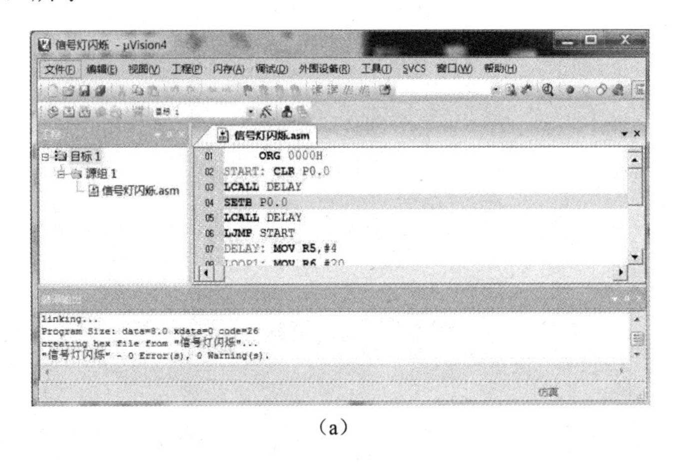

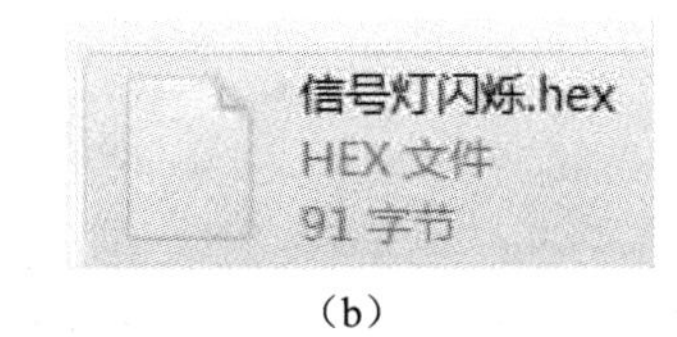

（a）　　　　　　　　　　（b）

图 1-12　编译文件

三、Proteus 软件的使用

Proteus 是英国 Labcenter Electronics 公司开发的一款优秀的 EDA（Electronic Design Automation，电子设计自动化）软件。利用它可以绘制电路原理图、PCB 图和进行交互式电路仿真。也可直接在原理图的虚拟原型上进行编程，在线实现软件实时调试。

步骤 1 打开 Proteus ISIS，开发界面如图 1-13 所示，除了常见的菜单栏和工具栏外，还包括预览窗口、对象选择器窗口、图形编辑窗口、仿真进程控制按钮等。

步骤 2 单击对象选择器窗口上方的 P 按钮，弹出如图 1-14 所示的设备选择对话框，在“关键字”文本框中输入芯片型号的关键字，在右侧出现的结果中选中需要的芯片，然后单击

"确定"按钮。

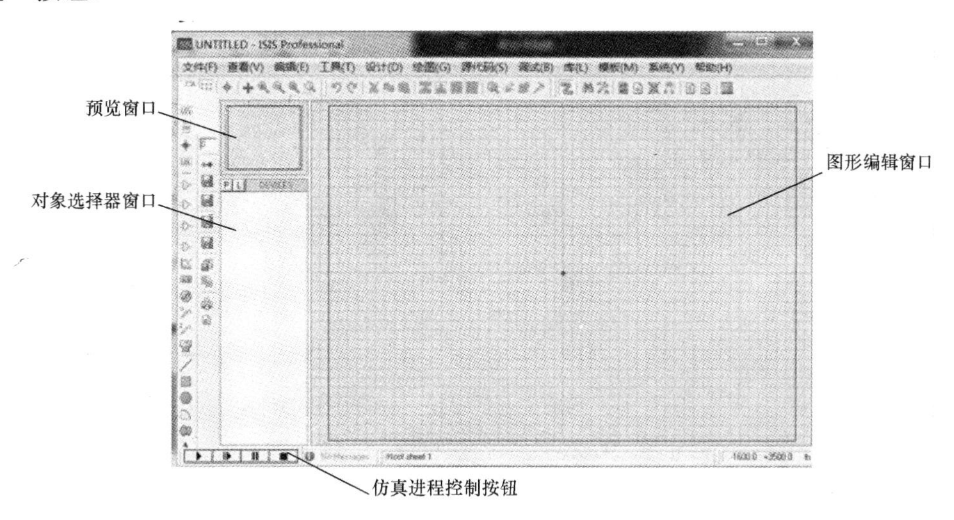

图 1-13　Proteus ISIS 开发界面

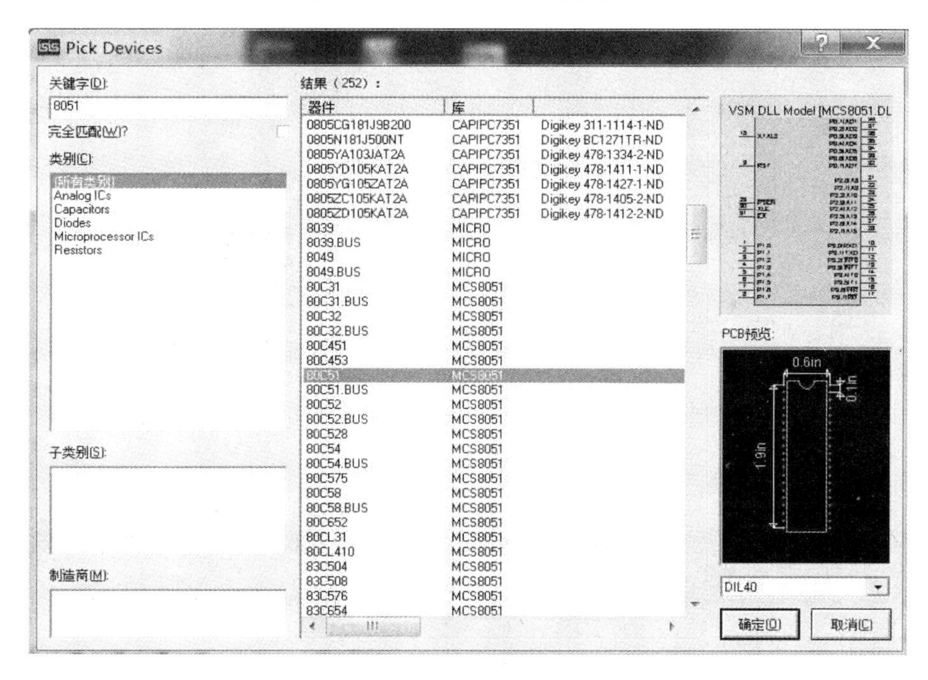

图 1-14　选择需要的芯片

步骤 3　回到开发主界面，鼠标指针移入图形编辑窗口中会变成笔状，选择合适位置并双击，芯片就出现了，如图 1-15 所示。

要移动芯片的位置，可在工具栏中选择移动工具↖，然后单击芯片并拖动。需要删除某个元器件时，在其上双击鼠标右键即可。使用工具栏中的🔍和🔍工具，可以放大和缩小元器件。

步骤 4　参照添加芯片的方法添加发光二极管和电阻，元器件添加完成后的效果如图 1-16 所示。发光二级管的关键字为"led"，电阻的关键字为"res"。

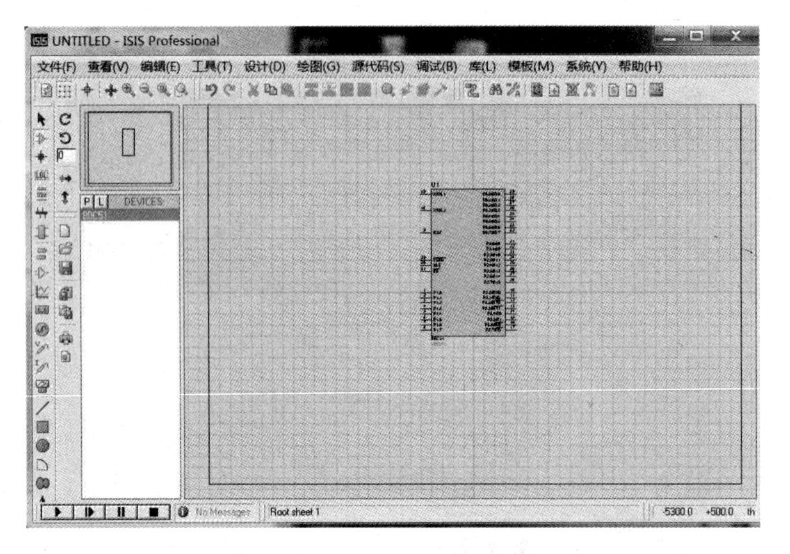

图 1-15 添加芯片

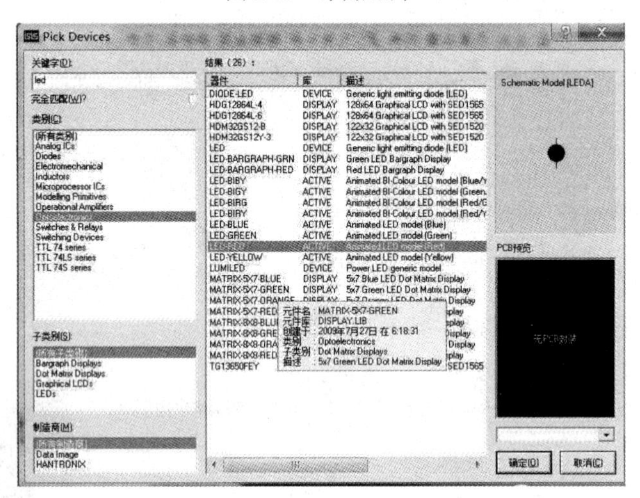

(a)

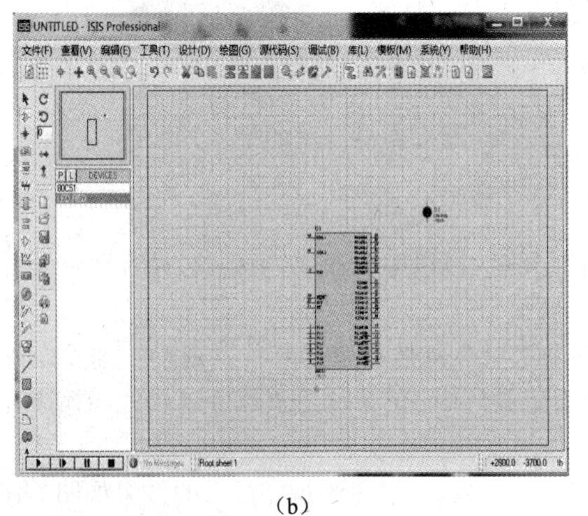

(b)

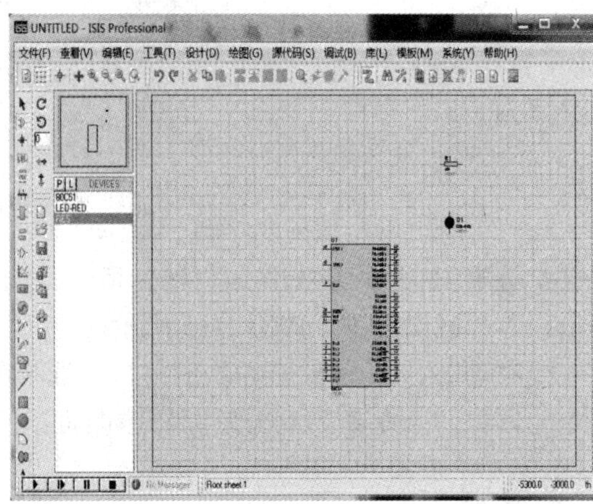

(c)

图 1-16 添加发光二级管和电阻

步骤 5 在电阻元件上右击，选择顺时针旋转。

步骤 6 选择左侧工具栏中的元件图标，将鼠标指针移到图形编辑窗口中单片机的 P0.0 引脚处，当引脚处出现高亮小方块时单击，将引出的绿色连线指向 LED 并单击确认，如图 1-17 所示。使用同样的方法将 LED 和电阻相连。

步骤 7 单击左侧工具栏中的元件图标，在对象选择器窗口中选择“POWER”选项，将电源符号放到电阻符号的上方与电阻相连（系统默认电压为 5V），如图 1-18 所示。

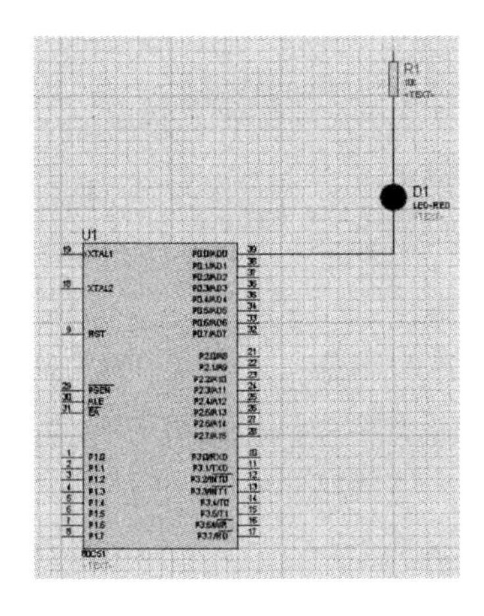

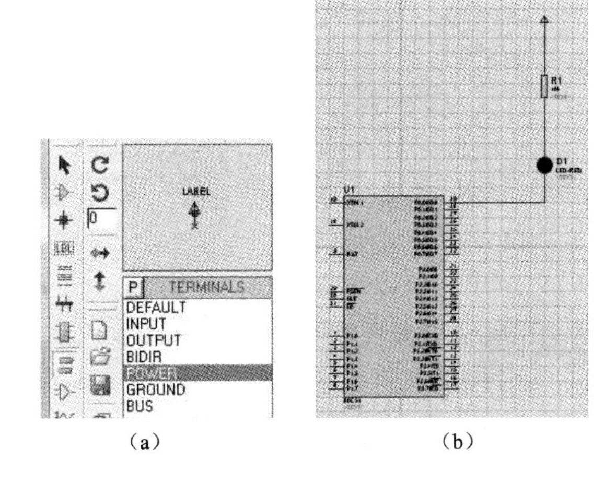

图 1-17　添加连线

图 1-18　添加电源

步骤 8 在电阻 R1 上右击，弹出如图 1-19（a）所示的快捷菜单，选择“编辑属性”选项，打开如图 1-19（b）所示编辑元件对话框，在“Resistance:”右侧的文本框中将阻值更改为“330”，然后单击“确定”按钮。将阻值改小，防止阻值过大，分压过多，导致 LED 不能正常发光。

步骤 9 在单片机上右击，弹出如图 1-20（a）所示快捷菜单，选择“编辑属性”选项，打开如图 1-20（b）所示“编辑元件”对话框，单击“Program File:”右侧的按钮，选择在 Keil C51 中编译好的“.hex”文件，然后单击“确定”按钮。

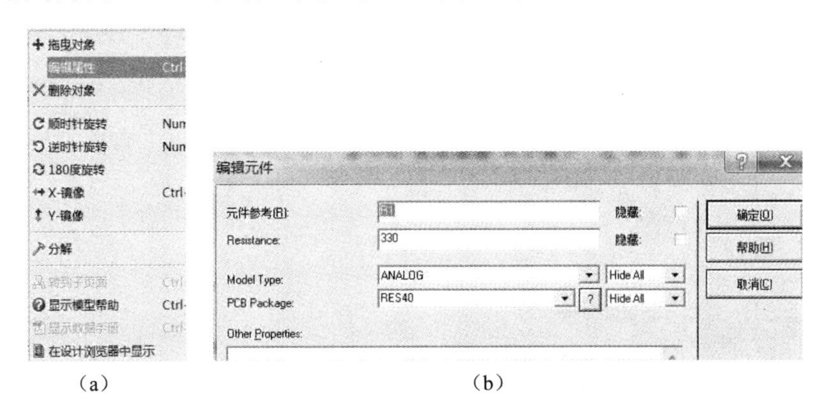

图 1-19　设置电阻属性

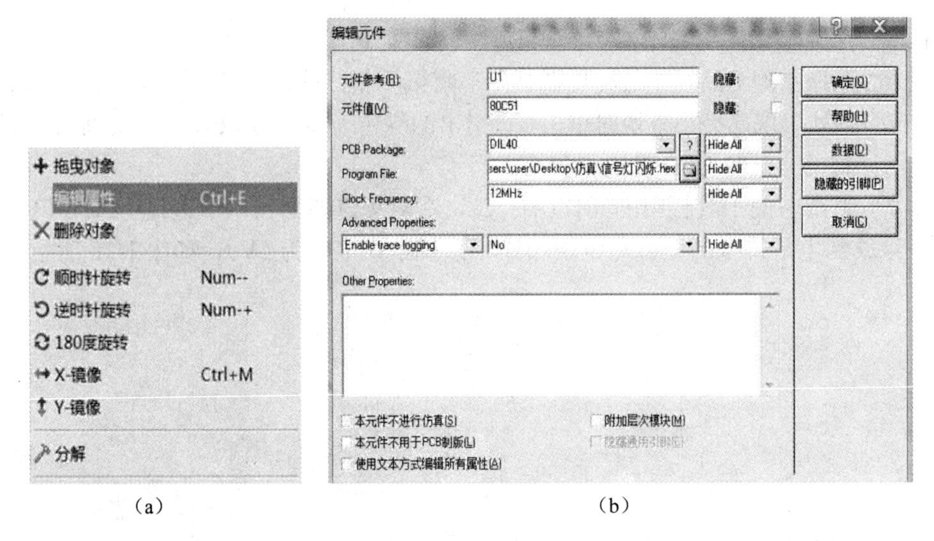

（a）　　　　　　　　　　　　　　　　（b）

图 1-20　添加源文件

步骤 10 至此系统硬件和软件已经设置完毕，现在可以运行信号灯闪烁系统了。单击仿真进程控制按钮中的开始按钮▶，此时可以看到 LED 以一定的时间间隔一亮一灭，如图 1-21 所示。

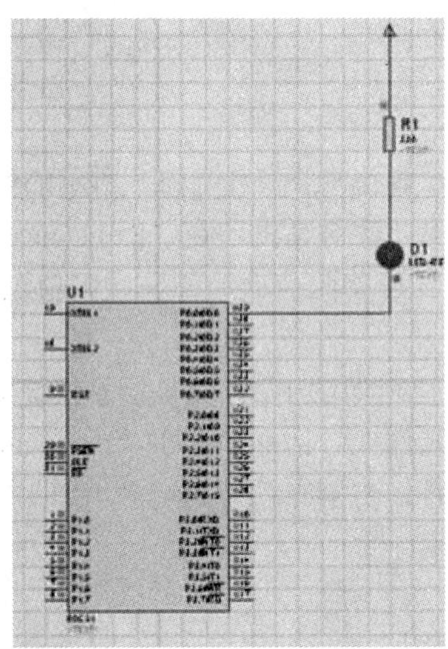

图 1-21　信号灯闪烁效果图

第二篇

MCS-51单片机入门

- 掌握 MCS-51 单片机的外部引脚及内部结构。
- 掌握 MCS-51 单片机的存储器配置。
- 掌握 MCS-51 单片机 I/O 端口的结构和负载能力。
- 了解 MCS-51 单片机的时钟电路与时序。
- 了解 MCS-51 单片机的工作方式。
- 理解汇编语言的基础知识。
- 理解 C 语言的基础知识。

任务三 单片机基本结构

MCS-51 系列单片机产品有 8051、8031、8751、80C51、80C31 等型号（前三种为 CMOS 芯片，后两种为 CHMOS 芯片）。它们的结构基本相同，其主要差别反映在存储器的配置上。8051 内部设有 4KB 的掩膜 ROM 程序存储器，8031 片内没有程序存储器，而 8751 是将 8051 片内的 ROM 换成 EPROM。由 ATMEL 公司生产的 89C51 将 EPROM 改成了 4KB 的闪速存储器。

一、MCS-51 单片机的内部结构

MCS-51 系列单片机包括许多类型，结构基本相同。现将介绍 MCS-51 单片机的内部结构以及各部分的功能。

1. 内部结构概述

MCS-51 单片机内包含下列几个部分，内部功能模块构成如图 2-1 所示。

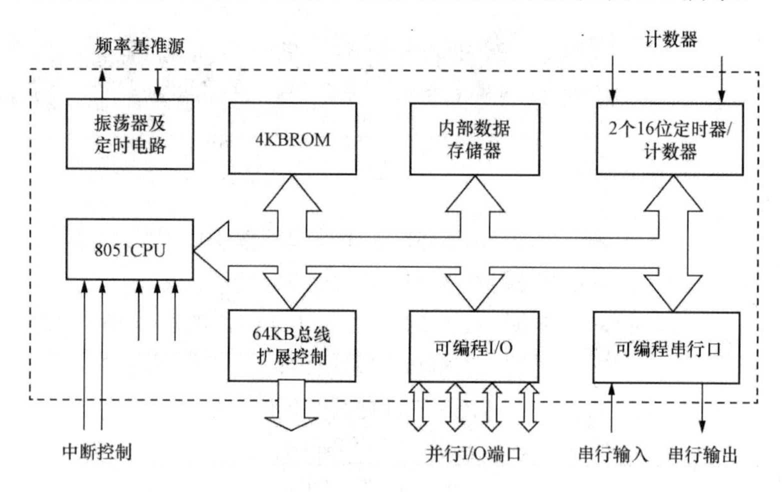

图 2-1 8051 单片机框图

（1）8 位中央处理单元 CPU。

（2）片内振荡器及时钟电路。

（3）4KB 程序存储器 ROM。

（4）内部数据存储器包括 128B 数据存储器 RAM 和 21 个特殊功能寄存器 SFR。

（5）2 个 16 位可编程定时器/计数器 T0、T1。

（6）可寻址 64KB 外部数据存储器和 64KB 外部程序存储器空间的控制电路。

（7）32 条可编程的 I/O 线（4 个 8 位并行 I/O 端口）。

（8）一个可编程全双工串行口。

（9）具有 5 个中断源、2 个优先级嵌套中断结构。

各功能部件由内部总线连接在一起。

图中 4KB（4096B）的 ROM 存储器部分用 EPROM 替换就成为 8751 的结构图，图中去掉 ROM 部分就成为 8031 的结构图。

2. CPU 结构

CPU 是单片机的核心组成部分，其作用是读入和分析每条指令，根据每条指令的功能要

求控制各部件执行相应的操作。CPU 包括控制器和运算器两个部分。运算器功能部件包括算术逻辑运算部件（ALU）、累加器（ACC）、暂存寄存器。控制功能部件包括程序计数器（PC）、程序状态寄存器（PSW）、数据指针寄存器（DPTR）、堆栈指针（SP）以及指令寄存器（IR）、指令译码器（ID）、布尔运算处理器、定时控制逻辑电路等。

（1）算术逻辑运算部件。

ALU 在控制逻辑电路发出的内部控制信号控制下，可以进行算术/逻辑运算。例如，带进位和不带进位的加法运算，带借位减法运算，8 位无符号数乘法和除法运算，逻辑与、或、异或操作，加 1、减 1 操作，按位求反操作，循环左、右移位操作，半字节交换，二-十进制调整，比较和条件转移的判断等操作。

（2）累加器。

累加器 A 又记作 ACC，是一个 8 位寄存器。在算术与逻辑运算中，用来存放一个操作数或运算结果。另外，在与外部存储器或 I/O 端口进行数据传送也要经过 A 完成。

（3）寄存器。

通用寄存器 B 是一个 8 位寄存器，执行乘法或除法指令时，B 与 A 配合使用。执行指令前 B 用于存放乘数或除数，在完成后存放乘积的高 8 位或除法的余数。在其他指令中，B 可作为一般寄存器使用。

（4）程序状态寄存器。

PSW 是一个 8 位寄存器，用于存放指令执行后的状态信息，以供程序查询和判断。PSW 的格式及每位具体含义如表 2-1 所示。

表 2-1　PSW 程 序 状 态 字

位序	PSW.7	PSW.6	PSW.5	PSW.4	PSW.3	PSW.2	PSW.1	PSW.0
位标志	Cy	AC	F0	RS1	RS0	OV	—	P

进位标志位 Cy：ALU 中进行加减运算过程中，最高位 A7（累加器最高位）产生进位或借位时，Cy=1，否则 Cy=0。另外，该位在位操作中也作为累加器 C 使用。

辅助进位位 AC：ALU 中进行加减运算过程中，低 4 位（A3）向高 4 位（A4）产生进位或借位时，AC=1，否则 AC=0。

用户标志位 F0：供用户定义的标志位，F0 状态通常不在执行指令过程中自动形成，用户根据程序执行的需要通过传送指令确定。

寄存器组选择位 RS0 和 RS1：用于设定当前工作寄存器的组号。8051 有 8 个 8 位寄存器（R0～R7），分为 4 组。RS1、RS0 与 R0～R7 的对应关系如表 2-2 所示。

表 2-2　RS1、RS0 与 R0～R7 关系对照表

RS1	RS0	R0～R7 组号	R0～R7 的物理地址
0	0	0	00～07H
0	1	1	08～0FH
1	0	2	10～17H
1	1	3	18～1FH

用户可以通过 PSW 字节操作或位操作指令改变 RS1 与 RS0 的状态信息，来切换当前工作寄存器组。通过切换工作寄存器组，可以提高中断处理时保护现场和恢复现场的速度。

例如，执行指令：

```
MOV  PSW,#00010000B
```

则 RS1、RS0 两位的值为 10B，工作寄存器切换到第 2 组，当前工作寄存器的物理地址为 10～17H。

单片机复位后，PSW=00000000B，CPU 选择第 0 组为当前工作寄存器。

溢出标志位 OV（Over flow）：用于指示运算过程中是否发生了溢出。对于 8 位表示的补码来说，如果运算结果小于−128 或者大于+127，则产生溢出，此时 OV=1，否则 OV=0。通过查看 OV 的状态，可以判断累加器 A 中的数值是否正确。

奇偶标志位 P（Parity）：用于跟踪检验累加器 A 中“1”的个数的奇偶性。A 中“1”的个数为奇数时 P=1，否则 P=0。

（5）数据指针寄存器。

DPTR 是一个 16 位的专用地址指针寄存器，由两个 8 位寄存器 DPH（高 8 位）和 DPL（低 8 位）组成。当 8051 外接存储器或 I/O 口时，用 DPTR 作为地址指针，存放外部存储器或外设端口的地址。

（6）堆栈指针。

SP 长 8 位，用于指示堆栈栈顶地址。堆栈用于在调用子程序或进入中断程序前保存一些重要数据及程序返回地址。在 CPU 响应中断或调用子程序时，会自动将断点处 16 位返回地址压入堆栈；在中断程序或子程序结束时，返回地址由堆栈弹出。堆栈操作按照“先进后出”的原则存取信息，如图 2-2 所示。

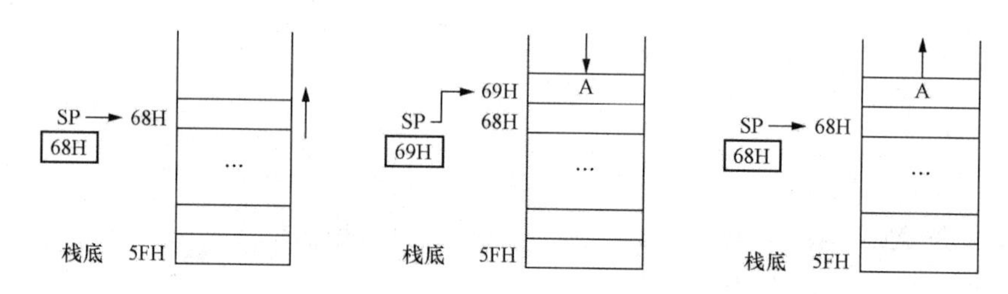

图 2-2 堆栈结构与操作示意图

单片机复位后，SP 的初始值为 07H，进入栈区的数据将从 08H 开始，可用区间为 08H～7FH。08H～1FH 为 1～3 区工作寄存器组，20H～2FH 为位寻址区。

（7）程序计数器。

PC 是一个 16 位的专用寄存器，可寻址范围是 0000H～FFFFH，共 64KB，它的作用是存放 CPU 下一条要执行的指令代码所在存储单元的 16 位地址。程序的每条指令都存放在 ROM 的某一存储单元中，当单片机开始执行程序时，PC 中装入程序的第一条指令所在存储单元的地址。在顺序执行过程中，CPU 每取出一条指令放到地址总线，PC 的内容会自动加 1、2 或 3（取决于指令的长度），即（PC）←（PC）+X，指向 CPU 下一条要执行指令的地址。当程序发生分支或转移时，如遇到转移指令、子程序调用或中断服务程序入口地址时，PC 会改变顺序执行状态，根据指令进行跳转。

单片机复位后，PC 自动清零，即 PC=0000H，CPU 从 ROM 第一个单元取第一条指令执行。

（8）指令寄存器和指令译码器。

当执行指令的时候，CPU 根据 PC 的值把对应的指令从程序存储器送入指令寄存器中，然后把这条指令又送入指令译码器中译码，并通过定时和控制电路在规定的时刻译出各种操作所需要的控制信号，使各部分协调工作，完成指令所规定的操作。

3. *存储器*

MCS-51 系列单片机在物理结构上有 4 个存储空间，即片内、片外程序存储器和片内、片外数据存储器。程序存储器和数据存储器分开编址，具有各自独立的寻址空间和寻址方式。

（1）程序存储器。程序存储器由片内程序存储器和片外程序存储器两部分构成，用来存放程序及常数。

片内和片外程序存储器采用 16 位统一编址方式，地址范围是 0000H～FFFFH。P0 和 P2 分别提供地址的低 8 位和高 8 位。程序存储器结构如图 2-3 所示。

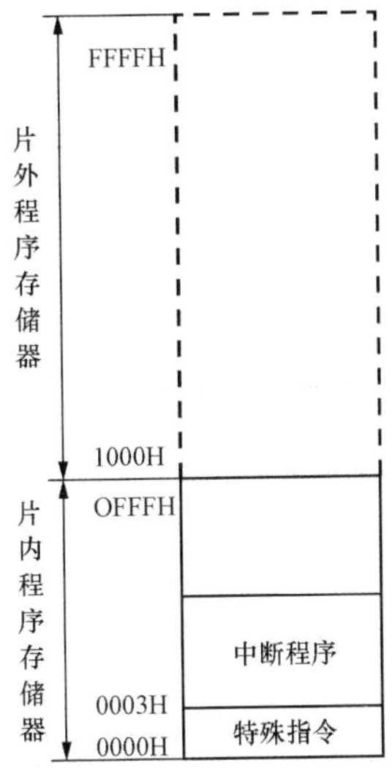

图 2-3 程序存储器结构

CPU 访问片内存储器还是片外存储器是由 $\overline{EA}$ 引脚的电平决定的。当该引脚为高电平（即 $\overline{EA}$=1）时，表示单片机复位，CPU 从片内存储器的 0000H 单元开始读取指令。若指令地址超过 0FFFH（4KB），CPU 将自动转向片外程序存储器读取指令。当该引脚为低电平（即 $\overline{EA}$=0）时，CPU 只能从片外存储器读取指令。有些单片机片内没有程序存储器（如 8031），则使用时 $\overline{EA}$ 引脚必须接地。

在 8051 片内存储器中，有 6 个特殊的地址单元。0000H～0002H 单元是执行所有程序的入口地址。通常情况下，该单元存放的是一条无条件转移指令。因为当单片机复位后，CPU 总是从此单元开始执行程序。存放在此单元中的跳转指令将引导 CPU 进入真正的程序入口地址继续读取指令。0003H、000BH、0013H、001BH、0023H 分别是 5 个中断源的中断服务子程序的入口地址。因此，用户程序的存放位置选在 002EH 之后才会比较安全。

（2）数据存储器。数据存储器由片内数据存储器和片外数据存储器两部分构成，用来存放运算的中间结果。

片内数据存储器与片外数据存储器采用分开编址方式。片内数据存储器采用 8 位地址，共 256 字节；片外数据存储器采用 16 位地址，共 64KB。数据存储器结构如图 2-4 所示。

1）片内 RAM。片内数据存储器共 256B，内部数据存储器的结构如图 2-5 所示。00H～1FH 单元分别对应 4 个工作寄存器组。当前工作寄存器的设定由 PSW 中的 RS1 和 RS0 决定。20H～2FH 这 16 字节（128 位）作为 8051 的位寻址区。CPU 通过指令对其中的某一位进行操作，在逻辑运算、实时处理、开关控制等方面有重要作用。表 2-3 为片内数据存储器位地址分配表。

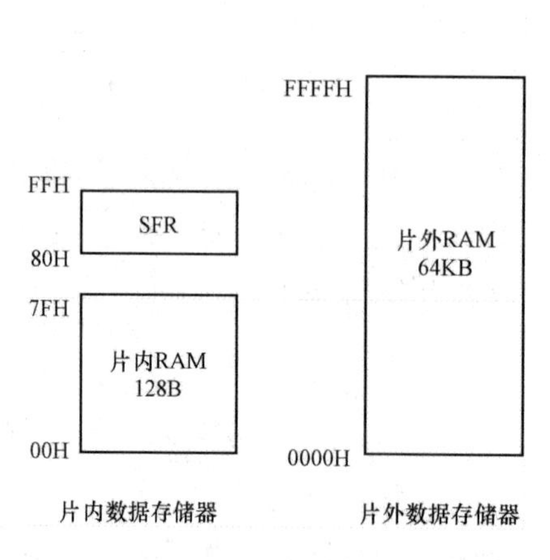

图 2-4 数据存储器结构

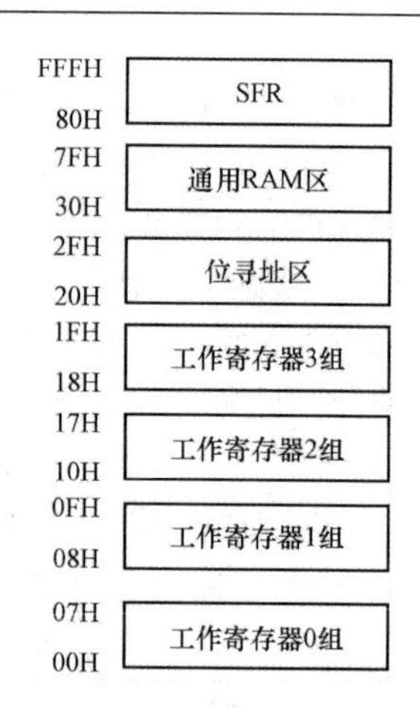

图 2-5 片内数据存储器结构

表 2-3 **片内数据存储器位地址分配表**

字节地址	位地址							
	D7	D6	D5	D4	D3	D2	D1	D0
2FH	7FH	7EH	7DH	7CH	7BH	7AH	79H	78H
2EH	77H	76H	75H	74H	73H	72H	71H	70H
2DH	6FH	6EH	6DH	6CH	6BH	6AH	69H	68H
2CH	67H	66H	65H	64H	63H	62H	61H	60H
2BH	5FH	5EH	5DH	5CH	5BH	5AH	59H	58H
2AH	57H	56H	55H	54H	53H	52H	51H	50H
29H	4FH	4EH	4DH	4CH	4BH	4AH	49H	48H
28H	47H	46H	45H	44H	43H	42H	41H	40H
27H	3FH	3EH	3DH	3CH	3BH	3AH	39H	38H
26H	37H	36H	35H	34H	33H	32H	31H	30H
25H	2FH	2EH	2DH	2CH	2BH	2AH	29H	28H
24H	27H	26H	25H	24H	23H	22H	21H	20H
23H	1FH	1EH	1DH	1CH	1BH	1AH	19H	18H
22H	17H	16H	15H	14H	13H	12H	11H	10H
21H	0FH	0EH	0DH	0CH	0BH	0AH	09H	08H
20H	07H	06H	05H	04H	03H	02H	01H	00H

2）特殊功能寄存器（SFR）。MCS-51 系列单片机有 21 个特殊功能寄存器。它们都有自己的固定地址，离散地分布在片内地址 80～FFH 的 RAM 空间中。CPU 可以直接使用寄存器的名称或者通过直接寻址方式对其进行访问。其中有 11 个寄存器可以通过位寻址的方式进行访问。具体情况见表 2-4。

表 2-4　特殊功能寄存器

标识符	名称	地址
* ACC	累加器	E0H
* B	B 寄存器	F0H
* PSW	程序状态字	D0H
SP	堆栈指针	81H
DPTR	数据指针（包括 DPH 和 DPL）	83H 和 82H
* P0	P0 口	80H
* P1	P1 口	90H
* P2	P2 口	A0H
* P3	P3 口	B0H
* IP	中断优先级控制	B8H
* IE	允许中断控制	A8H
TMOD	定时器/计数器方式控制	89H
*TCON	定时器/计数器控制	88H
TH0	定时器/计数器 0（高位字节）	8CH
TL0	定时器/计数器 0（低位字节）	8AH
TH1	定时器/计数器 1（高位字节）	8DH
TL1	定时器/计数器 1（低位字节）	8BH
*SCON	串行控制	98H
SBUF	串行数据缓冲器	99H
PCON	电源控制	87H

注　单元地址能被 8 整除的可做位操作。

这些 SFR 主要分布在以下几个功能模块中。

CPU：包括 6 个 SFR，分别是 A、B、PSW、SP、DPL 和 DPH。其中 2 个 8 位寄存器 DPL 和 DPH 组成 16 位的 DPTR。

中断控制：包括 6 个 SFR，分别是 IE 和 IP。

定时器：包括 6 个 SFR，分别是 TCON、TMOD、TL0、TL1、TH0 和 TH1。其中 8 位寄存器 TL0 和 TH0 组成 T0，TL1 和 TH1 组成 T1。

并行接口：包括 4 个 SFR，分别是 P0、P1、P2 和 P3。

串行接口：包括 3 个 SFR，分别是 PCON、SCON 和 SBUF。

3）片外数据存储器。片外数据存储器的地址范围是 0000H～FFFFH，共 64KB。在实际应用中，用户可以根据具体需求进行适量的扩展，如 2KB、4KB、8KB 等。

二、MCS-51 单片机引脚功能

MCS-51 单片机都采用 40 引脚的双列直插封装方式，图 2-6 为引脚排列图。

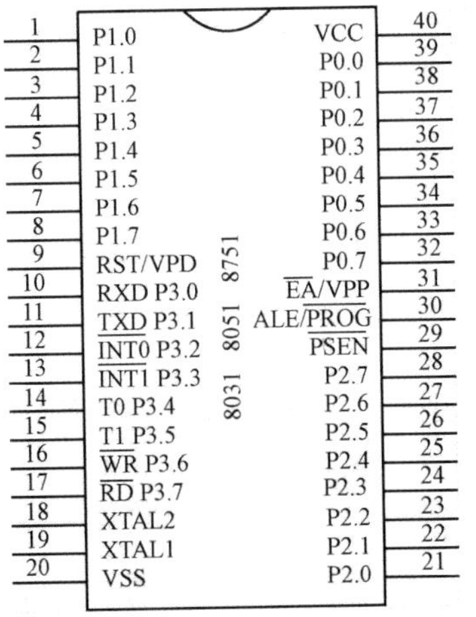

图 2-6　MCS-51 单片机引脚排列图

1. 四个并行I/O口P0～P3

P0口是一个8位漏极开路型双向I/O口，在访问外部存储器时，它是分时传送的低字节地址和数据总线，能驱动八个LSTTL负载。

P1口是一个带有内部提升电阻的8位准双向I/O口，能驱动四个LSTTL负载。

P2口是一个带有内部提升电阻的8位准双向I/O口，在访问外部存储器时，它输出高8位地址，能驱动四个LSTTL负载。

P3口是一个带有内部提升电阻的8位准双向I/O口，能驱动四个LSTTL负载。P3口还用于第二功能，参看P3口的组成与功能。

2. XTAL1、XTAL2

XTAL1和XTAL2外接晶振引脚，XTAL1内部振荡电路反相放大器的输入端是外接晶体的一个引脚。当采用外部振荡器时，此引脚接地。XTAL2内部振荡电路反相放大器的输出端是外接晶体的另一端。当采用外部振荡器时，此引脚接外部振荡源。

3. RST/VPD

当振荡器运行时，在此引脚上出现两个机器周期的高电平（由低到高跳变），将使单片机复位，在VCC掉电期间，此引脚可接上备用电源，由VPD向内部提供备用电源，以保持内部RAM中的数据。

4. ALE/$\overline{\mathrm{PROG}}$

ALE/$\overline{\mathrm{PROG}}$正常操作时为ALE功能（允许地址锁存），提供把地址的低字节锁存到外部锁存器的功能。ALE引脚以不变的频率（振荡器频率的1/6）周期性地发出正脉冲信号，因此它可用作对外输出的时钟或用于定时目的。但要注意，每当访问外部数据存储器时，将跳过一个ALE脉冲，ALE端可以驱动（吸收或输出电流）八个LSTTL电路。对于EPROM型单片机，在EPROM编程期间，此引脚接收编程脉冲（$\overline{\mathrm{PROG}}$功能）。

5. $\overline{\mathrm{PSEN}}$

$\overline{\mathrm{PSEN}}$为外部程序存储器读选通信号输出端，在从外部程序存储取指令（或数据）期间，$\overline{\mathrm{PSEN}}$在每个机器周期内两次有效。$\overline{\mathrm{PSEN}}$同样可以驱动八个LSTTL输入。

6. $\overline{\mathrm{EA}}$/VPP

$\overline{\mathrm{EA}}$/VPP为内部程序存储器和外部程序存储器选择端。当$\overline{\mathrm{EA}}$/VPP为高电平时，访问内部程序存储器，当$\overline{\mathrm{EA}}$/VPP为低电平时，则访问外部程序存储器。对于EPROM型单片机，在EPROM编程期间，此引脚上加21V，为EPROM编程电源（VPP）。

7. VSS和VCC

VSS和VCC为主电源引脚，VSS接地，VCC正常操作时为+5V电源。

三、并行输入/输出口结构

1. P0口的组成与功能

P0口包括P0.0～P0.7（39～32引脚），其位结构如图2-7所示，由一个输出锁存器（触发器），两个三态门缓冲器，与门、非门和多路开关MUX组成的输出控制电路，一对场效应晶体管（V1和V2）组成。

多路开关MUX：当多路开关和锁存器接通时，P0口被作为普通的I/O接口使用；当多路开关和非门接通时，P0口被作为“地址/数据”总线使用。

场效应晶体管V1和V2：V1和V2组成推拉式结构，一次只能导通一个。当V1导通时，

V2 截止；当 V2 导通时，V1 截止。

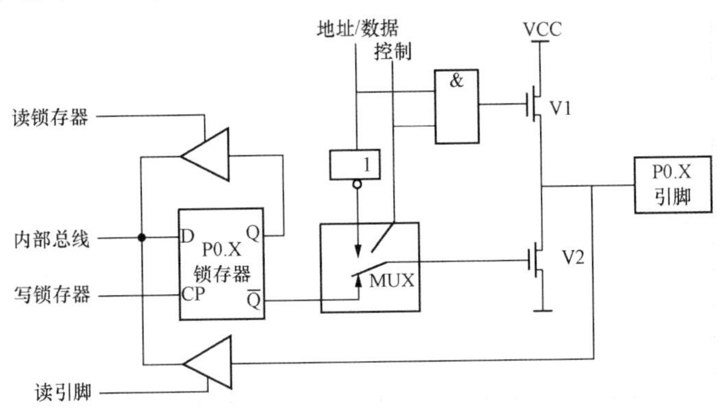

图 2-7 P0 口位结构

P0 口具有两种功能：第一，P0 口可以作为通用 I/O 接口使用，P0.0～P0.7 传送 CPU 的输入/输出数据；第二，在访问外部存储器时，P0 口可以分时复用地址线和双向数据总线（AD0～AD7）。

（1）P0 口作为通用 I/O 接口。

P0 口作为通用 I/O 接口使用时，多路开关的控制信号为 0（低电平），V1 截止，多路开关与锁存器的 $\overline{Q}$ 端相接。

1）数据输出。由数据总线向引脚输出的工作过程：写锁存器信号 CP 有效，内部总线的信号→锁存器的输入端 D→锁存器的反向输出端 $\overline{Q}$→多路开关 MUX→V2→P0.X。

当多路开关的控制信号为低电平 0 时，与门输出为低电平，V1 是截止的，所以作为输出口时，P0 是漏极开路输出，当驱动上接电流负载时，需要外接上拉电阻。

2）数据输入。数据输入有两种方式：读引脚和读锁存器。

读引脚：读芯片引脚上的数据时，读引脚三态门缓冲器打开（即三态缓冲器的控制端有效），P0.X 上的数据经三态门进入内部数据总线（此时数据并不经过锁存器）。执行读引脚操作前，需要先用输出命令（如 MOV P0，#0FFH 或 ORL P0，#0FFH）向锁存器写 1，使 $\overline{Q}$ 为 0，V2 截止。执行这个操作的原因是若 V2 导通，则从 P0.X 引入的信号将被 V2 短路。

读锁存器：为避免原端口的状态被读错，MCS-51 系列单片机指令系统中提供了“读-修改-写”方式指令，如 ANL、ORL、XRL 等（这些指令都需要得到原端口输出的状态，修改后再输出），执行这类指令采用读锁存器方式而不是读引脚方式，其余情况都采用读引脚方式。读锁存器中的数据时，读锁存器三态门缓冲器打开（即三态门缓冲器的控制端有效），锁存器输出端 Q 的数据经三态门进入内部数据总线。

（2）P0 口作为地址/数据总线。

P0 口作为地址/数据复用口使用时，多路开关控制信号为 1（高电平），与门输出信号由“地址/数据”线信号决定，多路开关与反相器的输出端相连。

P0 口输出低 8 位地址信息后，将变为数据总线，此时控制信号为 0，V1 截止，多路开关转向锁存器反相输出端 $\overline{Q}$；CPU 自动将 0FFH 写入 P0 口锁存器（即向 D 锁存器写入一个高电平），使 V2 截止，在读引脚信号控制下，P0.X 上数据通过读引脚三态门送到内部总线。

我们已经知道作为地址/数据总线使用时，在读指令码或输入数据前，CPU 会自动向 P0

口锁存器写入 0FFH，破坏 P0 口原来的状态，使其不能再作为通用的 I/O 接口。因此，在系统设计时，注意程序中不能再含有以 P0 口作为操作数的指令。

2. P1 口的组成与功能

P1 口包括 P1.0～P1.7（1～8 引脚），结构简单，位结构如图 2-8 所示，与 P0 口的主要差别在于，P1 口没有非门和多路开关 MUX，并用内部上拉电阻代替了 P0 口的场效应管 V1。

P1 口仅作为数据 I/O 端口使用，输出数据时，内部总线输出的数据经锁存器和场效应晶体管后，锁存在端口线上；输入有读引脚和读锁存器之分，工作过程参照 P0 口。

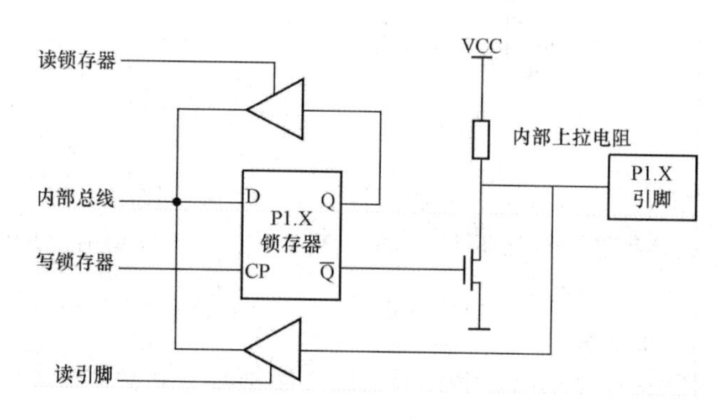

图 2-8 P1 口位结构

3. P2 口的组成与功能

P2 口包括 P2.0～P2.7（21～28 引脚），其位结构如图 2-9 所示，既有上拉电阻，又有多路开关 MUX，所以 P2 口在功能上兼有 P0 口和 P1 口的特点。

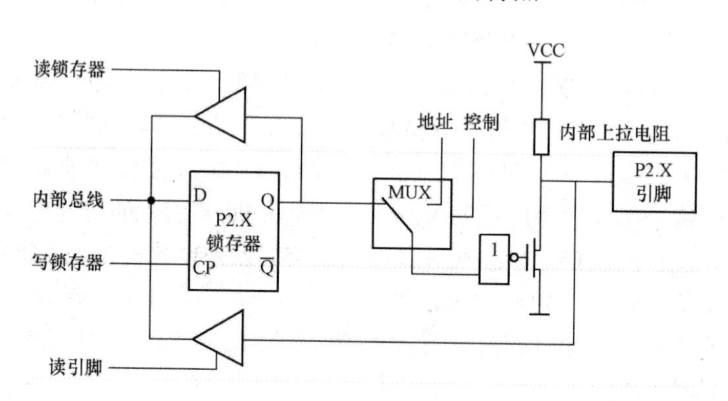

图 2-9 P2 口位结构

P2 口具有两种功能：第一，P2 口可以作为通用 I/O 接口使用，P2.0～P2.7 传送 CPU 的 I/O 数据；第二，在访问外部存储器时，P2 口输出地址总线的高 8 位（AD8～AD15），与 P0 口的低地址一起构成 16 位地址总线。

（1）P2 口作为通用 I/O 接口。

P2 口作为 I/O 接口使用时，多路开关的控制信号为 0（低电平），多路开关与锁存器的 Q 端相接，数据输出与输入工作过程与 P0 口作为通用 I/O 接口时相似。

（2）P2 口作为地址总线。

P2 口作为地址总线时，多路开关的控制信号为 1（高电平），多路开关与地址线接通，工作过程为地址信号→非门（数据反相）→场效应管（数据反相）→P2.X。

4. P3 口的组成与功能

P3 口包括 P3.0～P3.7（10～17 引脚）。

P3 口位结构如图 2-10 所示。P3 口作为通用 I/O 接口时，第二功能输出信号为 1（高电平），此时，内部总线信号经锁存器和场效应管 I/O，工作过程与 P1 口相同。

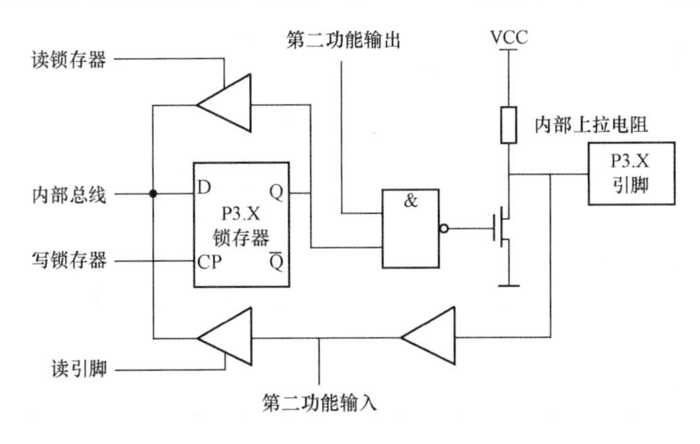

图 2-10 P3 口位结构

（1）数据输出。

当 P3 口的某一位作为第二功能输出时，锁存器和该位的“第二功能输出”端自动置 1，场效应管截止，该位引脚上的信号经缓冲器送入“第二功能输入”端。

（2）数据输入。

当 P3 口的某一位作为第二功能输入时，CPU 将该位锁存器置 1，此时，与非门只受“第二功能输出”端控制，输出信号经与非门和场效应管两次反相后，输出到该位的引脚上。

P3 口的第二功能见表 2-5。

表 2-5 P3 口第二功能表

口 线	第二功能名称	功 能 描 述
P3.0	RXD	串行口输入端
P3.1	TXD	串行口输出端
P3.2	$\overline{\text{INT0}}$	外部中断 0 输入端
P3.3	$\overline{\text{INT1}}$	外部中断 1 输入端
P3.4	T0	定时器/计数器 0 外部输入端
P3.5	T1	定时器/计数器 1 外部输入端
P3.6	$\overline{\text{WR}}$	片外数据存储器写选通
P3.7	$\overline{\text{RD}}$	片外数据存储器读选通

四、时钟电路与复位电路

1. 时钟电路与时序

单片机的工作过程是执行各种不同指令的过程，而指令的执行最终会转化为一系列的微控制信号来完成各种需求。单片机系统的运行需要各种微控制信号的动作有一个严格的先后顺序，即单片机的时序。时钟电路产生的时钟信号是时序的时间基准，机器周期和指令周期是描述时序的单位。

（1）时钟电路。为了保证内部各部件间的同步协调工作，单片机需要在唯一的时钟信号下进行工作。产生单片机时钟信号的方式有两种：内部时钟电路和外接时钟电路。

单片机内部有一个由反向放大器所构成的振荡电路，XTAL1 和 XTAL2 分别为振荡电路的输入和输出端，在 XTAL1 和 XTAL2 引脚上外接定时元件，内部振荡电路就产生自激振荡。定时元件通常采用石英晶体和电容组成的并联谐振回路。晶振可以在 1.2～12MHz 选择，电容值在 5～30pF 选择，电容的大小可起频率微调作用。内部时钟电路如图 2-11 所示。

外接时钟电路是把外部已有的时钟信号引入单片机内，如图 2-12 所示。采用这种方式可以使单片机的时钟与外部信号保持同步。外接时钟电路时，8051 单片机通过 XTAL2 引脚引入已有时钟信号，XTAL1 引脚悬空；而对于 CHMOS 型的 80C51 单片机需要通过 XTAL1 引脚引入已有时钟信号，XTAL2 引脚悬空。

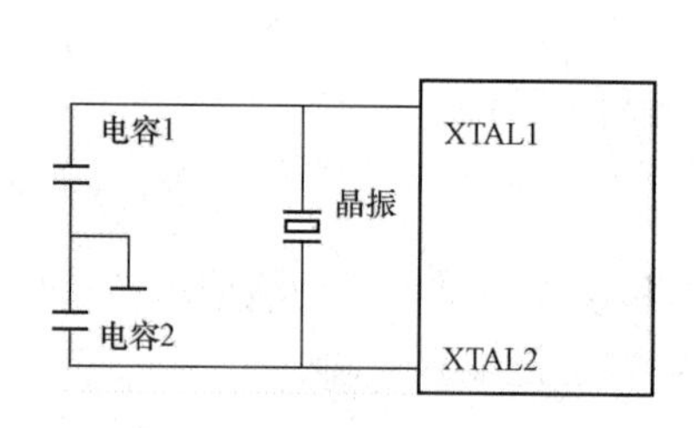

图 2-11　内部时钟电路

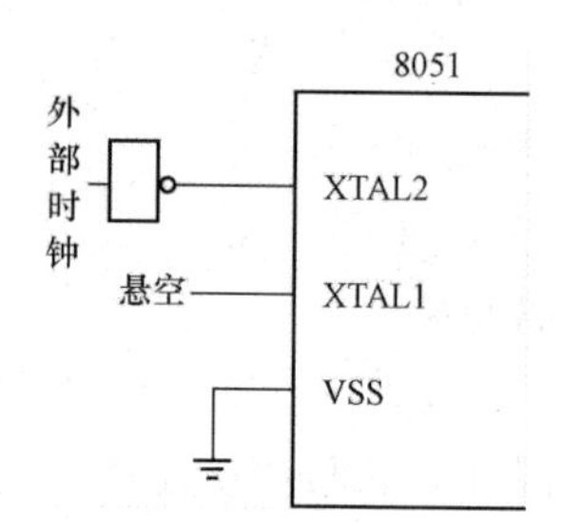

图 2-12　外接时钟电路

（2）时序。时钟周期又称为振荡周期，定义为时钟脉冲的倒数，是单片机中最基本、最小的时间单位。在一个时钟周期内，CPU 仅完成一个最基本的动作。

例如，晶振为 12MHz 的单片机，它的时钟周期就是 1/12μs。

时钟脉冲控制着单片机的工作节奏，对同一种机型的单片机，时钟频率越高，单片机的工作速度就越快。但是，由于单片机硬件电路和器件的限制，时钟频率是有一定限制的。8051 单片机的时钟范围是 1.2～12MHz。

在 8051 单片机中把 1 个时钟周期定义为 1 个节拍（用 P 表示），2 个节拍定义为 1 个状态周期（用 S 表示）。

机器周期是一条指令的执行过程可以分为若干个阶段，如取指令、读存储器、写存储器等。完成某一个操作的时间称为一个机器周期。通常情况下，一个机器周期由 12 个时钟周期组成。

指令周期是指执行一条指令所需要的时间称为指令周期，一般由若干个机器周期组成。指令不同，所需的机器周期数也不同，一般由 1～4 个机器周期组成。在 MCS-51 指令系统中，一些简单的单字节指令，在取指令周期中，指令取出到指令寄存器后，立即译码执行，不再需要其他的机器周期；一些比较复杂的指令，如转移指令、乘法指令，则需要两个或者两个以上的机器周期。

MCS-51 典型的指令周期（执行一条指令的时间称为指令周期）为一个机器周期，一个机器周期由六个状态（十二振荡周期）组成。每个状态又被分成两个时相 P1 和 P2。所以，一个机器周期可以依次表示为 S1P1，S1P2，…，S6P1，S6P2。通常算术逻辑操作在 P1 时相进行，而内部寄存器传送在 P2 时相进行。

图 2-13 给出了 8051 单片机的取指令和执行指令的定时关系。这些内部时钟信号不能从外部观察到，所以用 XTAL2 振荡信号作为参考。在图中可看到，低 8 位地址的锁存信号 ALE 在每个机器周期中两次有效：一次在 S1P2 与 S2P1 期间，另一次在 S4P2 与 S5P1 期间。

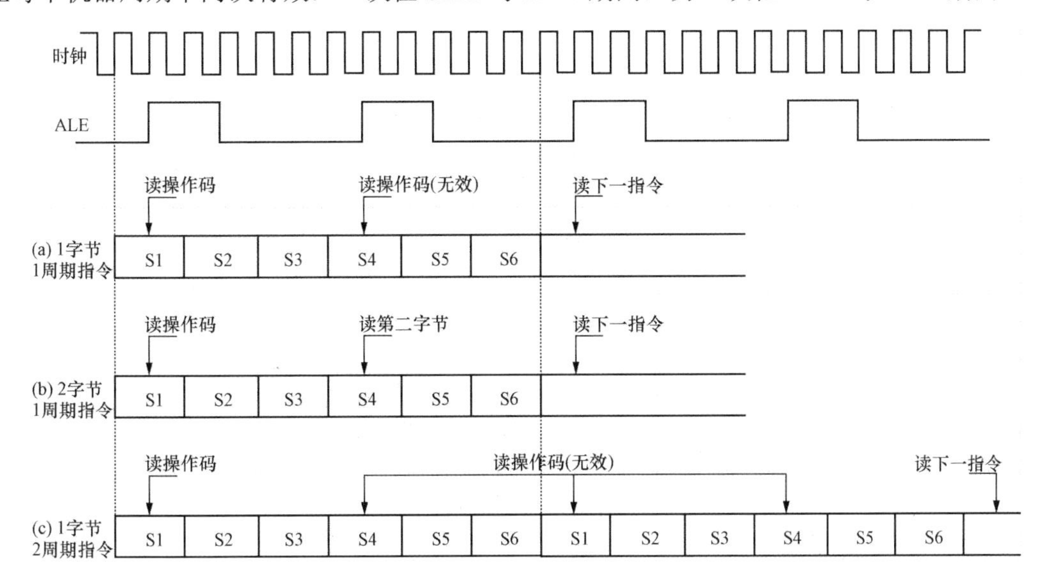

图 2-13　8051 时序

每条指令的执行包括取指令和执行指令两个阶段。取指令操作是单片机的最基本操作。CPU 要读取指令首先要知道指令的地址，指令的地址是存放在 PC 之中的。在时钟脉冲的控制下，PC 中的指令地址通过地址总线送到地址译码器的输入端。

当锁存地址信号 ALE 有效时，地址译码器取走地址信号，经过译码找到该指令的存储单元。一段时间延时后（用于稳定物理信号），CPU 发出读指令信号有效，随后指令内容出现在数据总线上，并送达指令寄存器。在指令送达指令译码器译码的同时，PC 内容加 1，指向下一条指令的地址。

单字节单机器周期指令：第一个地址锁存信号 ALE 有效时，读操作码，当操作码被送入指令寄存器时，便从 S1P2 开始执行指令。然后 PC 加 1；第二个地址锁存信号 ALE 有效时，则在 S4 期间仍进行读，但所读的这个字节操作码被忽略，程序计数器也不加 1。

双字节单机器周期指令：第一个地址锁存信号有效时，读操作码，然后 PC 加 1；第二个地址锁存信号有效时，读入第二个字节，然后 PC 加 1。

单字节双机器周期指令：两个机器周期内 ALE 信号四次有效，但只有一次读操作有效，PC 加 1；后三次读入的操作码均被丢弃且 PC 不加 1。

2. 复位电路

复位操作是单片机的初始化，此时程序从 0000H 开始执行。另外，当单片机运行中出现错误或死机时，也需要进行复位操作。

（1）复位条件。实现单片机复位需要在单片机的复位引脚 RST（9 脚）上维持 2 个机器周期以上的高电平。例如，若单片机的时钟频率为 12MHz，则机器周期为 1μs，那么复位信号需要保证持续 2μs 以上的时间。

（2）复位电路。常见的复位电路有上电自动复位和按键复位两种。

上电自动复位电路如图 2-14（a）所示，电源接通瞬间，*RC* 电路（相移电路）充电，由于电容两端电压不能突变，所以 RESET 端可以维持一段时间的高电平，时间大于两个机器周期将实现自动复位。

按键复位电路如图 2-14（b）所示，在电容两端并联一个带有电阻和开关的支路。当开关断开时，与上电自动复位电路相同；当开关闭合时，电容通过并联的电阻迅速放电，然后，*RC* 电路充电，能够保证 RST 端能够维持一段时间的高电平。

复位电路在实际应用中很重要，不能可靠复位会导致系统不能正常工作，所以现在有专门的复位电路，如 810 系列。这种类型的元器件不断有厂家推出更好的产品，如将复位电路、电源监控电路、看门狗电路、串行 E^2ROM 存储器全部集成在一起的电路，有的可分开单独使用，有的可只用部分功能，用户可以根据具体实际情况灵活选用。

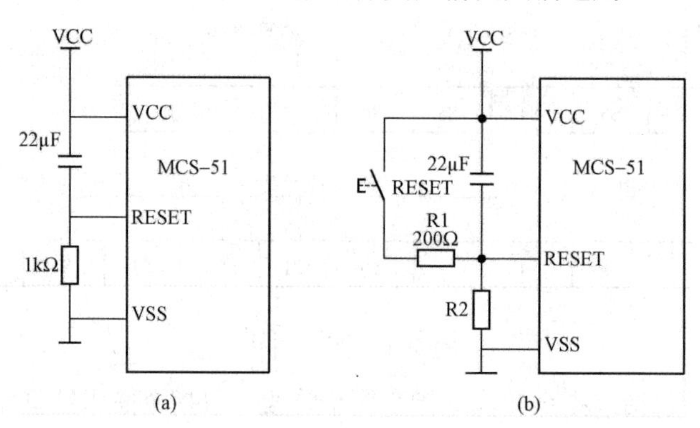

图 2-14 复位电路

（3）复位后寄存器的状态。单片机复位后将一些专用寄存器的值重新设置，如表 2-6 所示。堆栈指针 SP 的值为 07H，P0～P3 设置为高电平，IP、IE、SBUF、PCON 部分位出现不定状态，其他寄存器全部清零。

表 2-6 复位后各寄存器状态

寄存器	内　容	寄存器	内　容
PC	0000H	TMOD	00H
ACC	00H	TCON	00H
B	00H	TH0	00H
PSW	00H	TL0	00H
SP	07H	TH1	00H
DPTR	0000H	TL1	00H
P0～P3	0FFH	SCON	00H
IP	×××00000	SBUF	不定
IE	0××00000	PCON	0×××××××

项目二 流水灯模拟系统设计

1. 设计要求

在项目一中我们设计的信号灯闪烁系统中只有 1 个 LED，在此基础之上，这里我们将 LED 的数量增加到 8 个，使 8 个灯从上到下循环闪烁，时间间隔为 0.2s，呈现出流水灯闪烁的效果。

2. 硬件设计

硬件系统结构中 LED 流水灯系统原理图如图 2-15 所示，将信号灯分别连接在 P1.0～P1.7 口，另外，由于电源电路、时钟电路以及复位电路和信号灯闪烁系统相同，这里没有画出。

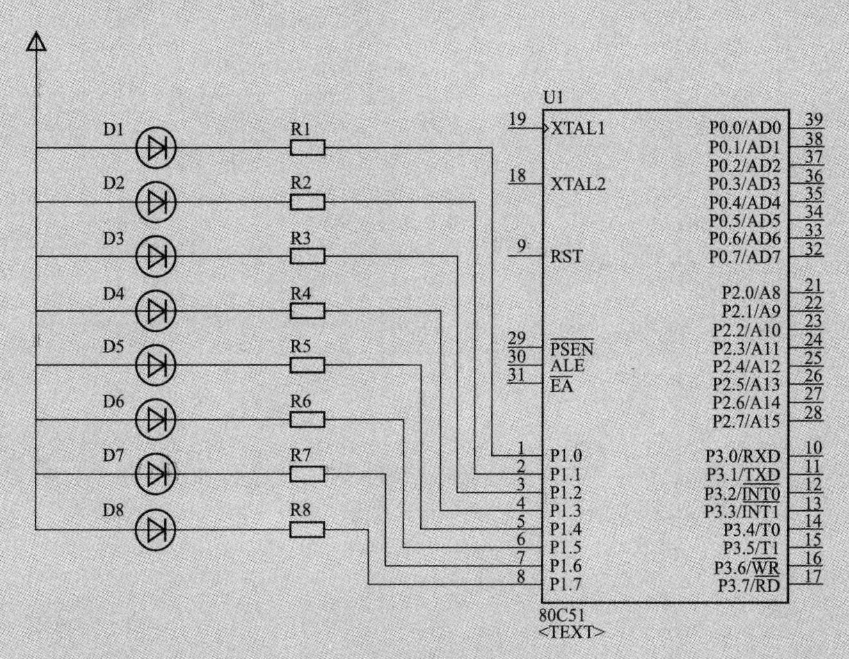

图 2-15 流水灯系统原理图

3. 软件设计

要实现流水灯功能，我们只要将 D1～D8 依次点亮、熄灭，从信号灯闪烁系统中我们得知，端口输出低电平，LED 点亮，端口输出高电平，LED 熄灭。因此，程序流程设计如下，8 只 LED 便会一亮一暗的做流水灯了。

P1.0 低→延时→P1.0 高→P1.1 低→延时→P1.1 高→P1.2 低→延时→P1.2 高→P1.3 低→延时→P1.3 高→P1.4 低→延时→P1.4 高→P1.5 低→延时→P1.5 高→P1.6 低→延时→P1.6 高→P1.7 低→延时→P1.7 高→返回到程序开始。

汇编程序：

```
;-------------------- 主程序--------------------
START:  CLR  P1.0              ;P1.0 输出低电平,使 D1 点亮
```

```
        ACALL DELAY             ;调用延时子程序
        SETB P1.0               ;P1.0 输出高电平,使 D1 熄灭
        CLR P1.1                ;P1.1 输出低电平,使 D2 点亮
        ACALL DELAY             ;调用延时子程序
        SETB P1.1               ;P1.1 输出高电平,使 D2 熄灭
        CLR P1.2                ;P1.2 输出低电平,使 D3 点亮
        ACALL DELAY             ;调用延时子程序
        SETB P1.2               ;P1.2 输出高电平,使 D3 熄灭
        CLR P1.3                ;P1.3 输出低电平,使 D4 点亮
        ACALL DELAY             ;调用延时子程序
        SETB P1.3               ;P1.3 输出高电平,使 D4 熄灭
        CLR P1.4                ;P1.4 输出低电平,使 D5 点亮
        ACALL DELAY             ;调用延时子程序
        SETB P1.4               ;P1.4 输出高电平,使 D5 熄灭
        CLR P1.5                ;P1.5 输出低电平,使 D6 点亮
        ACALL DELAY             ;调用延时子程序
        SETB P1.5               ;P1.5 输出高电平,使 D6 熄灭
        CLR P1.6                ;P1.6 输出低电平,使 D7 点亮
        ACALL DELAY             ;调用延时子程序
        SETB P1.6               ;P1.6 输出高电平,使 D7 熄灭
        CLR P1.7                ;P1.7 输出低电平,使 D8 点亮
        ACALL DELAY             ;调用延时子程序
        SETB P1.7               ;P1.7 输出高电平,使 D8 熄灭
        ACALL DELAY             ;调用延时子程序
        AJMP START              ;返回到标号 START 处再循环
;--------------------延时子程序--------------------
DELAY:  MOV R5,#20              ;将 20 送 R5 寄存器
LOOP1:  MOV R6,#20              ;将 20 送 R6 寄存器
LOOP2:  MOV R7,#230             ;将 230 送 R7 寄存器
        DJNZ R7,$               ;循环执行本指令,每次 R7 减 1
        DJNZ R6,LOOP2           ;R6-1,如果 R6 不等于 0,则转至 LOOP2
        DJNZ R5,LOOP1           ;R5-1,如果 R5 不等于 0,则转至 LOOP1
        RET
        END                     ;主程序结束
```

C 程序:

```
#include<reg51.h>
#define uint unsigned int
#define uchar unsigned char
sbit LED0=P1^0;
sbit LED1=P1^1;
sbit LED2=P1^2;
sbit LED3=P1^3;
sbit LED4=P1^4;
sbit LED5=P1^5;
sbit LED6=P1^6;
sbit LED7=P1^7;
/*---------------------------------
     延时子函数
---------------------------------*/
```

```
void delay(uint xms)
{
uint i,j;
for(i=xms;i>0;i--)
   for(j=110;j>0;j--);
}

/*------------------------------------
          主函数
------------------------------------*/
main()
{
while(1)
   {
   LED0=0;               //P1.0 输出低电平,使 D1 点亮
   delay(500);           //调用 500ms 延时子函数
   LED0=1;               //P1.0 输出高电平,使 D1 熄灭
   LED1=0;               //P1.1 输出低电平,使 D2 点亮
   delay(500);           //调用 500ms 延时子函数
   LED1=1;               //P1.1 输出高电平,使 D2 熄灭
   LED2=0;               //P1.2 输出低电平,使 D3 点亮
   delay(500);           //调用 500ms 延时子函数
   LED2=1;               //P1.2 输出高电平,使 D3 熄灭
   LED3=0;               //P1.3 输出低电平,使 D4 点亮
   delay(500);           //调用 500ms 延时子函数
   LED3=1;               //P1.3 输出高电平,使 D4 熄灭
   LED4=0;               //P1.4 输出低电平,使 D5 点亮
   delay(500);           //调用 500ms 延时子函数
   LED4=1;               //P1.4 输出高电平,使 D5 熄灭
   LED5=0;               //P1.5 输出低电平,使 D6 点亮
   delay(500);           //调用 500ms 延时子函数
   LED5=1;               //P1.5 输出高电平,使 D6 熄灭
   LED6=0;               //P1.6 输出低电平,使 D7 点亮
   delay(500);           //调用 500ms 延时子函数
   LED6=1;               //P1.6 输出高电平,使 D7 熄灭
   LED7=0;               //P1.7 输出低电平,使 D8 点亮
   delay(500);           //调用 500ms 延时子函数
   LED7=1;               //P1.7 输出高电平,使 D8 熄灭
   }
}
```

系统仿真的方法在项目一中已经进行了介绍，因此，本项目及以后项目中的典型应用可以根据提供的硬件电路和程序进行仿真。

任务四 汇编语言简介

一、指令系统概述

计算机是高度自动化的设备，它能在程序控制下自动进行运算和事务处理，整个过程由CPU 中的控制器控制。一般情况下，控制器按顺序自动连续地执行存放在存储器中的指令，

而每一条指令执行某种操作。

1. 指令

指令是规定计算机进行某种操作的命令。指令系统是计算机能够执行的各种指令的集合。

由于计算机只能直接识别二进制数，因此最初的指令采用二进制表示，也称为机器语言指令，这种编码称为机器码，而由机器码编制的计算机能识别和执行的程序称为目的程序。为了便于阅读和书写，根据指令功能和操作对象的不同，给出不同指令的英文缩写符号，称为助记符。用助记符表示的指令称为汇编语言指令。

2. 指令的分类

MCS-51 单片机指令系统共有 111 条指令，分 5 大类。

（1）数据传送类指令 29 条。

（2）算数运算类指令 24 条。

（3）逻辑运算类指令与位移指令 24 条。

（4）控制转移类指令 17 条。

（5）位操作指令 17 条。

按指令长度分类：单字节指令 49 条，双字节指令 45 条，三字节指令 17 条。

按指令执行时间长短分类：单周期指令 64 条，双周期指令 45 条，四周期指令 2 条。

3. 指令中常用的符号

MCS-51 系列单片机指令中常用助记符及含义如表 2-7 所示。

表 2-7　　MCS-51 系列单片机指令中常用助记符及含义

符号	含义	符号	含义
A	累加器 ACC	（X）	X 的内容
B	寄存器 B	((X))	以 X 的内容为地址的内容
Ri	间接寻址的寄存器（i=0 或 1）	/	加在位地址之前，表示对该位取反
Rn	当前工作寄存器 R0～R7 中的一个	#	立即数前缀
bit	具有位寻址功能的位地址	@	间址寄存器前缀
rel	用补码形式表示的偏移量，范围为–128～+127	$	程序计数器 PC 的当前值
#data	指令中的 8 位立即数，即 00H～FFH	←	箭头右面的数据传送到箭头左面
#data16	指令中的 16 位立即数，即 0000H～FFFFH	∧	逻辑与运算
addr11	11 位的目的地址，只限于 ACALL 和 AJMP 中使用	∨	逻辑或运算
addr16	16 位的目的地址，只限于 LCALL 和 LJMP 中使用	⊕	逻辑异或运算
direct	8 位片内 RAM 的 00H～7FH 地址范围和 SFR	@DPTR	16 位片外数据指针，范围为 0000H～FFFFH

二、指令格式

一条汇编语言指令中最多包含 4 个区段，格式如下所示：

[标号：] 操作码助记符　[目的操作数][,源操作数]　[;注释]

方括号里的内容可省略，标号区段由用户定义的符号组成，必须以英文大写字母开头，操作码助记符和目的操作数之间必须空一个格，目的操作数和源操作数之间用逗号“，”隔开，注释段用分号“；”隔开，该段对程序功能无任何影响，只用来对指令或程序段作简要说明，便于阅读，在调试程序时会带来很多方便。

汇编语言程序不能被计算机直接识别并执行，必须经过一个中间环节将其翻译成机器语言程序，这个中间过程称为汇编。汇编有两种方式：机器汇编和手工汇编。机器汇编是用专门的汇编程序在计算机上进行翻译，手工汇编是编程员把汇编语言指令通过查指令表逐条翻译成机器语言指令。

根据指令编码长短的不同，MCS-51 机器语言指令有单字节指令、双字节指令和三字节指令 3 种格式。

1. 单字节指令

单字节指令是指指令的编码由一字节组成，该指令存放在存储器中需占用一个存储单元，如指令：

```
MOV  A，Rn
```

2. 双字节指令

双字节指令是指指令的编码由两字节组成，该指令存放在存储器中时需占用两个存储单元，如指令：

```
MOV  A，#DATA
```

3. 三字节指令

三字节指令是指指令的编码由三字节组成，该指令存放在存储器中时需占用三个存储单元，如指令：

```
MOV  direct，#DATA
```

三、寻址方式

寻址方式就是寻找操作数地址的方式。在用汇编语言编程时，数据的存放、传送、运算都要通过指令来完成。所以编程时一定要十分清楚操作数的位置及如何将其传送到适当的寄存器去参与运算。寻址方式的多少是反映指令系统优劣的主要指标之一。寻址方式越多，指令功能越强。

在 MCS-51 单片机系统中有 7 种寻址方式即立即寻址、直接寻址、寄存器寻址、寄存器间接寻址、基址寄存器加变址寄存器间接寻址（变址寻址）、相对寻址和位寻址。

MCS-51 单片机不同寻址方式对应不同的寻址空间，如表 2-8 所示。

表 2-8　MCS-51 系列单片机寻址方式所对应的寻址空间

寻址方式	相应寻址空间
立即寻址	程序存储器 ROM
直接寻址	片内 RAM
寄存器寻址	R0～R7、A、B、DPTR 等
寄存器间接寻址	片内 RAM 中 00H～7FH 区间及片外 RAM
变址寻址	程序存储器 ROM
相对寻址	以当前 PC 值为基址，偏移范围–128～+127B 的 ROM
位寻址	片内 RAM 位寻址区 20～2FH 及部分 SFR

1. 立即寻址

在立即寻址方式中，操作数包含在指令字节中，指令操作码后面字节中的内容就是操作数本身。在汇编指令中，如果在一个数的前面加上“#”符号作为前缀，就表示该数为立即寻址，立即数的高位是A、B、C、D、E、F的前面还要加0。例如：

```
MOV A,#70H
MOV DPTR,#0DEFFH
```

指令操作码后面的数是参加运算的数，该操作数称为立即数。第一条指令的功能是将立即数70H送至累加器A中，第二条指令的功能是将立即数0DEFFH送至数据指针DPTR中。

2. 直接寻址

在指令中含有操作数的直接地址，该地址指出了参与操作的数据所在的字节地址或位地址。例如：

```
MOV  A,70H
```

该指令的功能是把内部RAM 70H单元中的内容送入累加器A中。

3. 寄存器寻址

在寄存器寻址方式中，参加操作的数存放在寄存器里，寄存器包括8个工作寄存器R0～R7、累加器A、寄存器B、数据指针DPTR和布尔处理器的位累加器C。指令机器码的低3位的8种组合000，001，…，110，111分别指明所用的工作寄存器R0，R1，…，R6，R7。例如，MOV A，Rn（n=0～7），这8条指令对应的机器码分别为E8H～EFH。例如：

```
INC  R0               ;(R0)+1→R0
```

该指令的功能是对寄存器R0进行操作，使其内容加1。

4. 寄存器间接寻址

由指令指出某一个寄存器的内容作为操作数的地址，寄存器间接寻址只能使用寄存器R0或R1作为地址指针来寻址内部RAM（00H～FFH）中的数据，当访问外部RAM时，可使用R0、R1或DPTR作为地址指针，寄存器间接寻址用符号“@”表示。

在寄存器间接寻址方式中，存放在寄存器中的内容不是操作数，而是操作数所在的存储器单元的地址，寄存器起地址指针的作用。例如：

```
MOV  A, @R0           ;((R0))→A
```

该指令的功能是把R0所指出的内部RAM单元中的内容送入累加器A中。

5. 基址寄存器加变址寄存器间接寻址（变址寻址）

这种寻址方式用于访问程序存储器中的数据表格，它把基址寄存器（DPTR或PC）和变址寄存器A的内容作为无符号数相加形成操作数的地址。例如：

```
MOVC  A, @A+DPTR      ;((DPTR)+(A))→A
MOVC  A, @A+PC        ;((PC)+(A))→A
```

A中为无符号数，该指令的功能是将A的内容和DPTR或当前PC的内容相加得到程序存储器的有效地址，把该存储器地址中的内容送到A。

6. 相对寻址

这类寻址方式是以当前PC的内容作为基地址，与指令中给定的偏移量相加，将得到的结果作为转移地址，偏移量是带符号数，范围为–128～+127。例如：

```
JC  rel ;C=1 跳转
SJMP 54H
```

第二条指令是将 PC 当前的内容与 54H 相加，结果再送回 PC 中，成为下一条将要执行指令的地址。

7. 位寻址

位寻址方式是按照位进行寻址操作，操作数是内部 RAM 中 20H～2FH 的 128 个位地址，SFR 中的 11 个可进行位寻址的寄存器的位地址。例如：

```
MOV  C，20H
```

该指令是将 RAM 中位寻址区中 20H 位地址中的内容送至 C，区别于指令“MOV　A，20H”，这条指令是将内部 RAM 中 20H 单元的内容送至 A。

第三篇

MCS-51程序设计

- 了解数码管显示方法。
- 了解 LED 点阵屏工作原理。
- 掌握 LED 显示电路软、硬件设计。
- 掌握数码管显示电路软、硬件设计。
- 掌握 LED 点阵屏显示电路软、硬件设计。

任务五 LED显示电路设计应用

项目三 交通信号灯的设计

项目描述 十字路口的交通信号灯在我们日常生活中经常可以看到，它能够保证人们的出行安全及交通顺畅。本项目我们将使用单片机进行交通信号灯模拟系统设计，采用软件延时的方法，实现交通信号灯的控制。

项目目的 掌握单片机控制LED的程序设计及相关指令、语句。

1. 设计要求

交通信号灯的设计要求，如表3-1所示。

表3-1 交通信号灯的设计要求

<table>
<tr><td rowspan="2">东西</td><td>信号</td><td>绿灯亮</td><td>绿灯闪</td><td>黄灯亮</td><td colspan="3">红灯亮</td></tr>
<tr><td>时间/s</td><td>24</td><td>3</td><td>3</td><td colspan="3">30</td></tr>
<tr><td rowspan="2">南北</td><td>信号</td><td colspan="3">红灯亮</td><td>绿灯亮</td><td>绿灯闪</td><td>黄灯亮</td></tr>
<tr><td>时间/s</td><td colspan="3">30</td><td>24</td><td>3</td><td>3</td></tr>
</table>

2. 硬件设计

交通信号灯仿真原理图如图3-1所示。

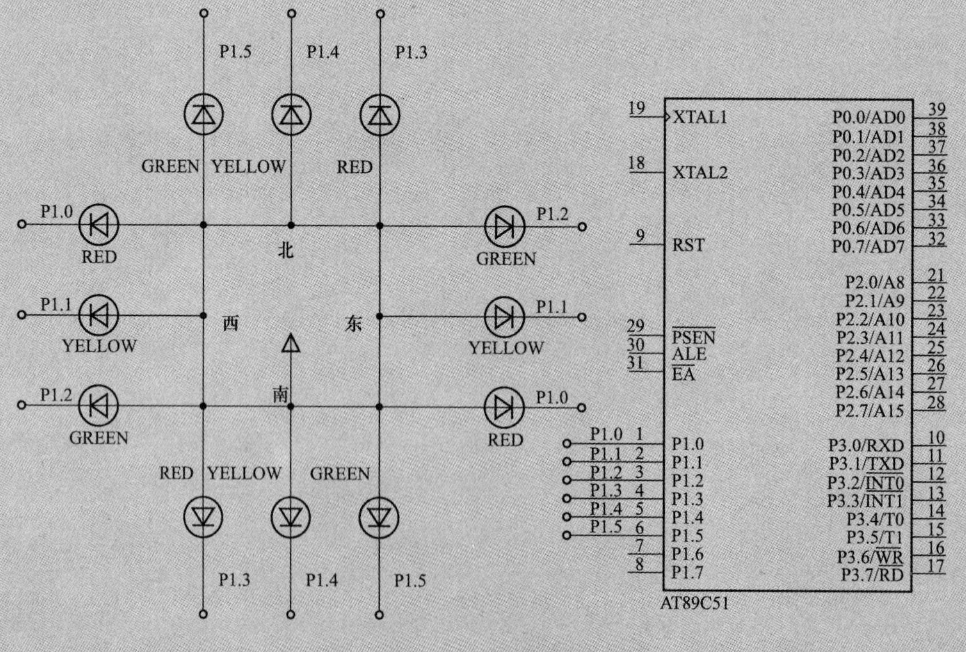

图3-1 交通信号灯仿真原理图

3. 软件设计

汇编程序：

```
ORG  0000H
;--------------------东西方向通行----------------------
START:MOV R0,#48
      MOV P1,#0F3H      ;东西方向绿灯亮,南北方向红灯亮
W_E1: ACALL DELAY       ;东西方向绿灯亮 24s
      DJNZ R0,W_E1

      MOV R0,#3         ;东西方向绿灯闪烁 3s,南北方向红灯亮
W_E2: MOV P1,#0F7H
      ACALL DELAY
      MOV P1,#0F3H
      ACALL DELAY
      DJNZ R0,W_E2

      MOV R0,#6
      MOV P1,#0F5H      ;东西方向黄灯亮,南北方向红灯亮
W_E3: ACALL DELAY       ;东西方向黄灯亮 3s
      DJNZ R0,W_E3

;------------------南北方向通行----------------------
      MOV R0,#48
      MOV P1,#0DEH      ;南北方向绿灯亮,东西方向红灯亮
N_S1: ACALL DELAY       ;南北方向绿灯亮 24s
      DJNZ R0,N_S1

      MOV R0,#3         ;南北方向绿灯闪烁 3s,东西方向红灯亮
N_S2: MOV P1,#0FEH
      ACALL DELAY
      MOV P1,#0DEH
      ACALL DELAY
      DJNZ R0,N_S2

      MOV R0,#6
      MOV P1,#0EEH          ;南北方向黄灯亮,东西方向红灯亮
N_S3: ACALL DELAY           ;南北方向黄灯亮 3s
      DJNZ R0,N_S3
      AJMP START

;------------------0.5s 延时程序----------------------
DELAY:MOV R5,#10
LOOP: MOV R6,#100
LOOP1:MOV R7,#250
      DJNZ R7,$
      DJNZ R6,LOOP1
      DJNZ R5,LOOP
      RET
      END
```

C 程序：

```
#include<reg51.h>                //编译预处理,包含 51 单片机寄存器定义的头文件
#define uint unsigned int
#define uchar unsigned char
/*-----------------------------------
       延时子函数
-----------------------------------*/
void delay(uint x)
{
uint a,b;
for(a=x;a>0;a--)
   for(b=110;b>0;b--);
}

/*-----------------------------------
          主函数
-----------------------------------*/
main()
{
uchar i;
while(1)
       {
/*              东西方向通行
--------------------------------------------------*/
   P1=0xf3;                   //东西绿灯亮 24s,南北红灯亮
   delay(24000);
   while(i<3)                 //东西绿灯闪烁 3s,南北红灯亮
       {
       P1=0xf7;
       delay(500);
       P1=0xf3;
       delay(500);
       i++;
       }
   i=0;
   P1=0xf5;                   //东西黄灯亮 3s,南北红灯亮
   delay(3000);
/*              南北方向通行
--------------------------------------------------*/
   P1=0xde;                   //南北绿灯亮 24s,东西红灯亮
   delay(24000);
   while(i<3)                 //南北绿灯闪烁 3s,东西红灯亮
       {
       P1=0xfe;
       delay(500);
       P1=0xde;
       delay(500);
       i++;
       }
   i=0;
   P1=0xee;                   //南北黄灯亮 3s,东西红灯亮
   delay(3000);
   }
}
```

一、交通信号灯控制代码设计

LED 是单片机学习和系统设计中最常用的显示器件，通过它可以直观地观察单片机的运行状况。单片机与 LED 的常见连接方式如图 3-2 所示，如按照图 3-2（a）进行连接时，电源通过限流电阻 R1 与 D1 连接，使 D1 正极为 1（高电平），当单片机的 P1.0 引脚输出 0（低电平）时，D1 负极为 0，则 D1 导通点亮；反之，当 P1.0 输出 1 时，D1 两端都为 1，则 D1 熄灭。同理，如按照图 3-2（b）的连接方式连接，当 P1.0 输出 1 时，D1 点亮；当 P1.0 输出 0 时，D1 熄灭。

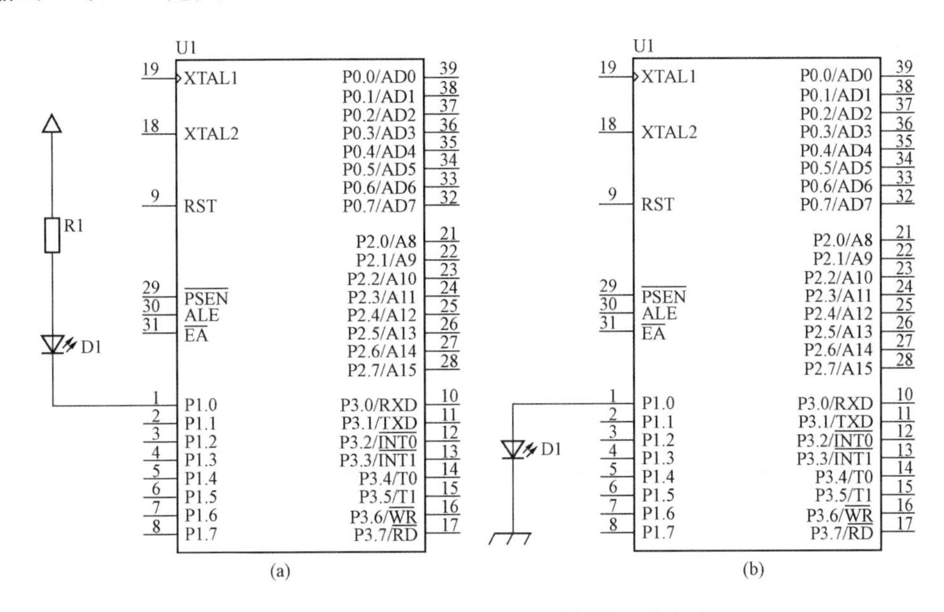

图 3-2　常见的单片机与 LED 连接的两种方式

程序中出现的 F3H、F7H、F5H 等就是交通信号灯的控制代码，由原理图 3-1 可知，单片机 P1 口引脚输出 0 时，对应的 LED 点亮；单片机 P1 口引脚输出 1 时，对应的 LED 熄灭，通过表 3-2 可以清楚地了解交通信号灯控制代码的设计过程。交通信号灯的程序设计实际上就是通过编程实现这几个控制代码的定时切换，使硬件达到交通信号灯的控制。下面将重点介绍汇编程序中出现的各类指令。

表 3-2　　交通信号控制代码

P1.7	P1.6	P1.5	P1.4	P1.3	P1.2	P1.1	P1.0	十六进制代码
空	空	南北绿	南北黄	南北红	东西绿	东西黄	东西红	
1	1	1	1	0	0	1	1	0F3H
1	1	1	1	0	1	1	1	0F7H
1	1	1	1	0	1	0	1	0F5H
1	1	0	1	1	1	1	0	0DEH
1	1	1	1	1	1	1	0	0FEH
1	1	1	0	1	1	1	0	0EEH

提示

汇编程序中以字母开始的立即数前要加 0。

二、伪指令

由于计算机只能识别机器码（二进制编码），用汇编语言和 C 语言编写的源程序，计算机不能直接执行。因此必须把汇编语言和 C 语言的源程序通过编译软件翻译成机器语言程序（目标程序），单片机才能执行。这个翻译过程称为汇编。用汇编语言编写源程序时，还要提供一些指示和控制汇编过程的控制指令——伪指令。例如，要指定程序的起始地址、表示汇编过程的结束等。但是，这些指令在汇编时并不产生机器码，不会占用程序存储器的空间，不影响程序的运行，所以称为伪指令。在交通信号灯的源程序中出现的 ORG、END 就是伪指令，常用的伪指令有以下几个。

1. 起始伪指令 ORG

伪指令 ORG 总是出现在每段程序或数据块的开始。它指明此语句后面的程序或数据块存放的起始地址。在程序进行汇编时，将该语句后面的源程序或数据块存放到指定的 16 位地址表示的存储单元中。

指令格式：

```
ORG 16 位地址或符号
```

例：通过以下程序了解 ORG 指令功能。

```
ORG  0000H
MOV  A,#30
MOV  B,#30
ORG  1000H
ADD  A,#30
MOV  B,A
```

第一个 ORG 0000H 表示从这条指令下边的第一条指令（MOV A，#30）开始的程序连续存放在程序存储器地址为 0000H 开始的单元中；第二个 ORG 1000H 表示从这条指令下边的第一条指令（ADD A，#30）开始的程序连续存放在程序存储器地址为 1000H 开始的单元中，以上程序看起来是连续的，但是经过汇编后存放在程序存储器中却是分段的，这就是 ORG 指令的作用。

2. 结束伪指令 END

指令功能：当汇编程序遇到该伪指令后，汇编过程结束。在一个源程序中只允许出现一个 END 指令，并且它必须放在整个程序的最后面。

3. 赋值伪指令 EQU

指令格式：

```
符号名    EQU    表达式
```

指令功能：EQU 指令用于将一个数值或寄存器名赋给一个指定的符号名。

EQU 指令中的表达式可以是数据地址、代码地址、位地址或者立即数，伪指令 EQU 中的字符名称必须先赋值后使用。

4. 定义字节伪指令 DB

指令格式：

```
[标号]:  DB  8 位二进制数表
```

指令功能：在程序进行汇编时，将 8 位二进制数表存入以左边标号为起始地址的连续存储单元中。

8 位二进制数可以用二进制、八进制、十进制或十六进制表示，另外也可以是用引号表示的 ASCII 码。若 8 位二进制数一行容纳不下，需要另起一行时，前面仍然要以 DB 开头。

例：

```
    ORG  3000H
TAB:DB 01H,02H,03H,04H
    DB 05H,06H
```

经过汇编后，标号 TAB 地址为 3000H，数据在 ROM 中存放情况如表 3-3 所示。

表 3-3　　汇编后数据存放情况

ROM 地址	单元中的数据	ROM 地址	单元中的数据
3000H	01H	3003H	04H
3001H	02H	3004H	05H
3002H	03H	3005H	06H

5. 定义字伪指令 DW

指令格式：

```
[标号]:DW  16 位二进制数表
```

指令功能：在程序进行汇编时，将 16 位二进制数表存入以左边标号为起始地址的连续存储单元中。每个 16 位数据要占据 2 字节存储单元，先存高 8 位后存低 8 位。

例：

```
ORG  2000H
TAB:DW 1234H,56H
```

经过汇编后，标号 TAB 地址为 2000H，数据在 ROM 中存放情况如表 3-4 所示。

表 3-4　　汇编后数据存放情况

ROM 地址	单元中的数据	ROM 地址	单元中的数据
2000H	12H	2002H	00H
2001H	34H	2003H	56H

6. 定义位地址伪指令 BIT

指令格式：

```
字符名称      BIT      位地址
```

指令功能：将位地址赋予所规定的字符名称。

例：

```
LED          BIT      P1.0
```

通过以上定义，LED 可以代替 P1.0，在编程过程中可以直接使用 LED，而不使用 P1.0，提高编写、修改程序效率。

三、内部 RAM 数据传送指令

内部 RAM 数据传送指令是 MCS-51 指令系统中使用最频繁的一类指令，在上述汇编程序中出现 MOV 的指令均为内部 RAM 数据传送指令。

指令格式：

```
MOV  [目的操作数], [源操作数]
```

1. 以累加器 A 为目的操作数的传送指令（4 条）

以累加器 A 为目的操作数的传送指令如表 3-5 所示。

表 3-5　以累加器 A 为目的操作数的传送指令

指令	指令功能说明及寻址方式	字节数	周期数
MOV A,Rn	A ← Rn n=0～7；寄存器寻址	1	1
MOV A,@Ri	A ← (Ri) i=0、1；寄存器间接寻址	1	1
MOV A,direct	A ←(direct) ；直接寻址	2	1
MOV A,#data	A ←#data ；立即寻址	2	1

【例 3-1】以累加器 A 为目的操作数的传送指令示例。

```
MOV   A,R0          ;将工作寄存器 R0 中的数据传送至 A 中
MOV   A,@R0         ;将以工作寄存器 R0 中内容为地址的存储单元中的数据传送至 A 中
MOV   A,10H         ;将 RAM 地址为 10H 的存储单元中的数据传送至 A 中
MOV   A,#10H        ;将立即数 10H 传送至 A 中
```

提 示

注意上述 4 条指令的区别，理解 R0、@R0 的不同与 10、#10 的区别。若 R0=20H，RAM(20H)=30H，RAM(10H)=FFH，则上述 4 条指令的运行结果分别为 A=20H、A=30H、A=FFH、A=10H。

2. 以工作寄存器 Rn 为目的操作数的传送指令（3 条）

以工作寄存器 Rn 为目的操作数的传送指令如表 3-6 所示。

表 3-6　以工作寄存器 Rn 为目的操作数的传送指令

指令	指令功能说明及寻址方式	字节数	周期数
MOV Rn,A	Rn← A n=0～7；寄存器寻址	1	1
MOV Rn,direct	Rn←(direct) n=0～7；直接寻址	2	2
MOV Rn,#data	Rn←#data n=0～7；立即寻址	2	1

【例 3-2】以工作寄存器 Rn 为目的操作数的传送指令示例。

```
MOV   R0,A          ;将累加器 A 中的数据传送至工作寄存器 R0 中
MOV   R0,10H        ;将 RAM 地址为 10H 的存储单元中的数据传送至工作寄存器 R0 中
MOV   R0,#10H       ;将立即数 10H 传送至工作寄存器 R0 中
```

提 示

注意指令系统中没有工作寄存器之间直接传送的指令，如果需要在两个工作寄存器间传送数据则需要通过一个寄存器作为缓冲，如将 R0 中的数据传送至 R1 中可以写成：MOV 30H，R0，MOV R1，30H。

3. 以直接地址为目的操作数的传送指令（5 条）

以直接地址为目的操作数的传送指令如表 3-7 所示。

表 3-7　以直接地址为目的操作数的传送指令

指令	指令功能说明及寻址方式	字节数	周期数
MOV direct，A	(direct)←A；寄存器寻址	2	1
MOV direct，Rn	(direct) ←Rn n=0～7；寄存器寻址	2	2
MOV direct1，direct2	(direct) ←(direct2)；直接寻址	3	2
MOV direct，@Ri	(direct) ←(Ri) i=0、1；寄存器间接寻址	2	2
MOV direct，#data	(direct) ←#data；立即寻址	3	2

【例 3-3】以直接地址为目的操作数的传送指令示例。

```
MOV 10H, A        ;将累加器 A 中的数据传送至地址为 10H 的存储单元中
MOV 10H, R0       ;将工作寄存器 R0 中的数据传送至地址为 10H 的存储单元中
MOV 10H, 20H      ;将地址为 20H 的存储单元中的数据传送至地址为 10H 的存储单元中
MOV 10H, @R0      ;将以工作寄存器 R0 中内容为地址的存储单片中的数据传送至地址为 10H 的存
                   储单元中
MOV 10H, #10H     ;将立即数 10H 传送至地址为 10H 的存储单元中
```

4. 以间址寄存器@Ri 为目的操作数的传送指令（3 条）

以间址寄存器@Ri 为目的操作数的传送指令如表 3-8 所示。

表 3-8　以间址寄存器@Ri 为目的操作数的传送指令

指令	指令功能说明及寻址方式	字节数	周期数
MOV @Ri，A	(Ri)← A；寄存器寻址	1	1
MOV @Ri，direct	(Ri)←(direct)；直接寻址	2	2
MOV @Ri，#data	(Ri)← #data；立即寻址	2	1

【例 3-4】以间址寄存器@Ri 为目的操作数的传送指令示例。

```
MOV  @R0, A       ;将累加器 A 中的数据传送至间址寄存器@R0 指向的存储单元中
MOV  @R0, 10H     ;将地址为 10H 的存储单元中的数据传送至间址寄存器@R0 指向的存储单元中
MOV  @R0, #10H    ;将立即数 10H 传送至间址寄存器@R0 指向的存储单元中
```

提 示

指令执行后 Ri 中的内容不会改变，数据传送至 Ri 中内容为地址的存储单元中，如 R0=30H，(30H)=00H，执行指令 MOV @RO，#10 后(30H)=10H，R0 中的数据仍然为 30H。

5. 16 位数据传送指令（1 条）

16 位数据传送指令如表 3-9 所示。

表 3-9 **16 位数据传送指令**

指令	指令功能说明及寻址方式	字节数	周期数
MOV DPTR，#data16	DPRT←#data16；立即寻址	3	2

【例 3-5】16 位数据传送指令示例。

```
MOV  DPTR,#1020H     ;将 16 位立即数 1020H 传送至 16 位的数据指针 DPTR 中
                     ;DPTR=1020H,DPH=10H,DPL=20H
```

提 示

这条指令是指令系统中唯一的一条 16 位数据传送指令，它的作用是将 16 位立即数送入数据指针 DPTR 中，DPTR 由 DPH 和 DPL 两个 8 位寄存器组成，其中数据高 8 位送入 DPH 中，数据低 8 位送入 DPL 中。

四、控制转移类指令

单片机的指令通常是从 ROM 0000H 地址开始逐条顺序执行的，当需要将程序跳转到某处执行或者调用子程序时，就需要用到控制转移类指令。控制转移类指令控制转移指令又称为跳转指令，是单片机指令系统中非常重要并且使用频繁的一类指令，控制转移类指令通过改变程序计数器的值来实现控制程序执行的走向，如源程序中的 AJMP、ACALL、DJNZ 指令。

控制转移类指令包括无条件转移指令、条件转移指令、调用与返回指令 3，本课程首先学习无条件转移指令、调用与返回指令及部分条件转移指令，剩余条件转移指令将在之后的课程中逐步学习。

1. 无条件转移指令（4 条）

无条件转移指令如表 3-10 所示。

表 3-10 **无条件转移指令**

指令	指令功能说明	字节数	周期数	转移范围
LJMP addr16	PC←addr16	3	2	ROM 64KB
AJMP addr11	PC←PC+2，$PC_{10\sim0}$←addr11	2	2	ROM 当前 PC 同一 2KB 区域
SJMP rel	PC←PC+2+rel	2	2	ROM 当前 PC−128～+127B
JMP @A+DPTR	PC←A+DPTR	1	2	ROM 64KB

（1）长转移指令：LJMP　addr16。

执行该指令时将 16 位的目标地址装入 PC 中，无条件地转向指定地址。转移的目标地址可以在 64KB 程序存储器地址空间的任何地方。

【例 3-6】1000H：LJMP 2000H。

这条指令存放在程序存储器中地址为 1000H 的单元里，执行指令后将 16 位的目标地址 2000H 装入 PC 中，PC=2000H，程序跳转到地址为 2000H 处开始执行。

（2）绝对转移指令：AJMP addr11。

该指令在运行时首先产生当前 PC 值 PC=PC+2（+2 是因为该指令为双字节指令），然后将指令中的 11 位目标地址 addr11 替换 PC 的低 11 位（a_{10}～a_0→$PC_{10\sim0}$）得到跳转目标地址（即 $PC_{15}PC_{14}PC_{13}PC_{12}PC_{11}a_{10}a_9a_8a_7a_6a_5a_4a_3a_2a_1a_0$）送入 PC，转移范围为当前 PC 的同一 2KB 区域内。

目标地址必须与当前 PC 在同一个 2KB 区域的存储器区内（高 5 位地址相同）。如果把单片机 64KB 寻址区分成 32 页（每页 2KB），则 PC_{15}～PC_{11}（00000B～11111B）称为页面地址（即 0～31 页），a_{10}～a_0 称为页内地址。

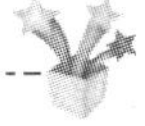

提示

AJMP 指令的目标转移地址不是和 AJMP 指令地址在同一个 2KB 区域，而是应和 AJMP 指令的当前 PC(即 PC+2)在同一个 2KB 区域。例如，若 AJMP 指令地址为 2FFEH，则 PC+2=3000H，故目标转移地址必在 3000H ~ 37FFH 这个 2KB 区域内。

【例 3-7】求出分别执行下列指令后的 PC 值。

```
① 2FFDH: AJMP  100H
② 2FFEH: AJMP  100H
```

指令①：根据指令地址求出当前 PC 值，PC=PC+2=2FFDH+2=2FFFH=0010 1111 1111 1111B，将保留的高 5 位页面地址 00101 和低 11 位目标地址 0001 0000 0000B 构成 16 位转移目标地址 PC=00101 001 0000 0000B=2900H。

指令②：根据指令地址求出当前 PC 值，PC=PC+2=2FFEH+2=3000H=0011 0000 0000 0000B，将保留的高 5 位页面地址 00110 和低 11 位目标地址 0001 0000 0000B 构成 16 位转移目标地址 PC=00110 001 0000 0000B=3100H。

提示

上述两条指令虽然 11 位目标地址相同，但由于当前 PC 值不同，使页面地址不同，导致转移目标地址也不相同。

（3）相对转移指令：SJMP rel。

rel 为相对偏移量，是一个用补码表示的 8 位二进制数，范围为−128～+127。该指令执行时先产生当前 PC 值 PC=PC+2，然后当前 PC 值加上相对偏移量 rel 形成转移目标地址 PC=PC+rel，转移范围为相对于当前 PC−128～PC+127B。

【例 3-8】0020H：SJMP 21H；

首先求出当前 PC 值，PC=0020H+2=0022H，其次求出转移的目标地址 PC=0022H+21H=0045H。

提示

以上 3 条指令均可实现无条件转移，但选用时要考虑到指令的转移范围是否满足要求，LJMP 转移范围最广，AJMP 其次，SJMP 最小。另外，为了使用方便，使用上述 3 条指令时目标地址和相对偏移量都用标号代替，如源程序中的 AJMP START。

（4）散转指令：JMP @A+DPTR。

这条指令的功能是把累加器 A 中 8 位无符号数与数据指针 DPTR 中的 16 位无符号数相加，将结果作为下条指令地址送入 PC，该指令的特点是转移的目标地址不是唯一的，目标地址可以在程序运行过程中发生改变。该指令的应用将在后续课程中进行讲解。

2. 调用及返回指令（4 条）

在程序设计中，常常把具有一定功能的公用程序段编制成子程序，如交通信号灯源程序中反复调用的延时子程序。当主程序需要使用子程序时使用调用指令，并且在子程序的最后安排一条调用返回指令，执行完子程序后再返回到主程序。这样可以大大缩减程序的长度。为保证正确返回，每次调用子程序时，CPU 自动将断点地址保存到堆栈，返回时按先进后出原则再把堆栈中的地址弹出到 PC 中，继续从断口地址执行主程序。子程序调用与返回过程如图 3-3 所示，调用和返回指令必须成对使用。调用子程序指令如表 3-11 所示。

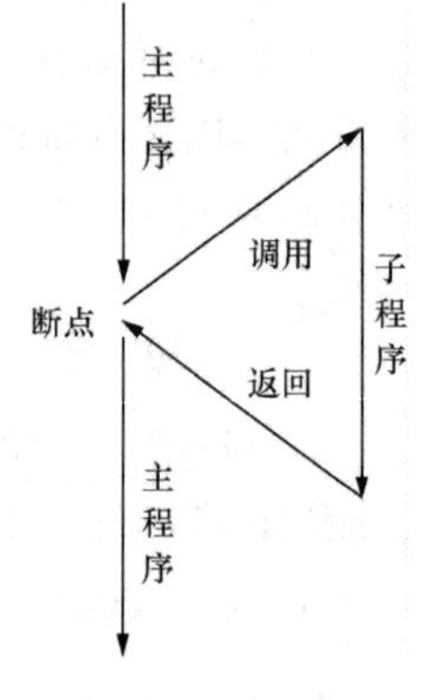

图 3-3 调用与返回

表 3-11 调用子程序指令

指令	指令功能说明	字节数	周期数	调用范围
LCALL addr16	PC←PC+3 SP←SP+1，（SP）←$PC_{7\sim0}$ SP←SP+1，（SP）←$PC_{15\sim8}$ PC←addr16	3	2	ROM 64KB
ACALL addr11	PC←PC+2 SP←SP+1，（SP）←$PC_{7\sim0}$ SP←SP+1，（SP）←$PC_{15\sim8}$ $PC_{10\sim0}$←addr11	2	2	ROM 当前 PC 同一 2KB 区域

（1）长调用指令：LCALL addr16。

执行该指令时先产生当前 PC 值 PC=PC+3，并把它压入堆栈中（先入栈低字节后入栈高字节），然后把 16 位转移目标地址装入 PC 中，转去执行该地址开始的子程序。该调用指令可以调用存放在存储器中 64KB 范围内任何地方的子程序。指令执行后不影响任何标志位。

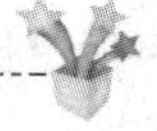
提示

在实际使用时，addr16 可用标号代替。

【例 3-9】设 SP=07H，标号 START 地址为 1000H，标号 LOOP 地址为 2000H，执行下列指令

```
START: LCALL  LOOP
```

结果：SP=09H，(08H)=03H，(09H)=10H，PC=2000H。

（2）短调用指令：ACALL addr11。

指令执行时先得到当前 PC 值 PC=PC+2，获得下条指令的地址，并把这 16 位地址压入堆栈。然后把指令中的 11 位目标地址送入 PC 中的 $PC_{10\sim0}$ 位，PC 的 $PC_{15\sim11}$ 不变，构成子程序的转移地址，该指令只能调用与当前 PC 在同一 2KB 范围内的子程序。指令执行后不影响任

何标志位。

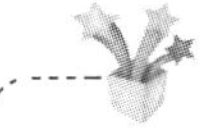

提 示

在实际使用时，addr11 可用标号代替。

【例 3-10】设 SP=07H，标号 LOOP 地址为 1000H，子程序 DELAY 的入口地址为 3000H，执行下列指令：

```
LOOP: ACALL  DELAY
```

结果：SP=09H，堆栈区内(08H)=02H，(09H)=10H，PC=3000H。

（3）返回指令。

返回指令如表 3-12 所示。

表 3-12 返 回 指 令

指令	指令功能说明	字节数	周期数
RET	$PC_{15\sim8}$←(SP)，SP←SP-1 $PC_{7\sim0}$←(SP)，SP←SP-1	1	2
RETI	$PC_{15\sim8}$←(SP)，SP←SP-1 $PC_{7\sim0}$←(SP)，SP←SP-1	1	2

1）子程序返回指令：RET。

子程序返回指令是把堆栈中栈指针指向的两个单元的内容弹出到 PC 中，使程序返回到断点继续执行主程序。RET 指令安排在子程序的末尾，使程序能从子程序返回到主程序。

2）中断返回指令：RETI。

这条指令的功能与 RET 指令类似，用在中断程序的最后，中断返回指令除了具有返回断点的功能外还对中断系统有其他作用，它的应用将在后续课程中讨论。

3. 比较转移指令（4 条）

比较转移指令是条件转移指令的一部分，条件转移指令是根据某种特定条件执行转移的指令。满足条件时程序跳转（相当于一条相对转移指令），不满足条件时则顺序执行如表 3-13 所示的指令。

表 3-13 比 较 转 移 指 令

指令	指令功能说明	字节数	周期数
CJNE A，direct，rel	PC←PC+3，若 A=(direct)，则顺序执行 若 A≠(direct)，则 PC←PC+rel	3	2
CJNE A，#data，rel	PC←PC+3，若 A=data，则顺序执行 若 A≠data，则 PC←PC+rel	3	2
CJNE Rn，#data，rel	PC←PC+3，若 Rn=data，则顺序执行 若 Rn≠data，则 PC←PC+rel	3	2
CJNE @Ri，#data，rel	PC←PC+3，若(Ri)=data，则顺序执行 若(Ri)≠data，则 PC←PC+rel	3	2

比较转移指令的功能是比较前面两个操作数的大小，如果两个操作数相等就顺序执行下一条指令，如果它们的值不相等则转移，按照相对转移指令的执行过程先得到当前 PC 值 PC=PC+3（比较转移指令都是三字节指令），然后当前 PC 值加上 rel 得到转移目标地址。

提示

若目的操作数小于源操作数则进位标志 Cy 置 1，否则 Cy 清 0。

4. 减 1 非 0 转移指令（2 条）

减 1 非 0 转移指令如表 3-14 所示。

表 3-14 减 1 非 0 转移指令

指令	指令功能说明	字节数	周期数
DJNZ Rn，rel	PC←PC+2，Rn←Rn-1 若 Rn=0，则顺序执行 若 Rn≠0，则 PC←PC+rel	2	2
DJNZ direct，rel	PC←PC+3，(direct)←(direct)-1 若(direct)=0，则顺序执行 若(direct)≠0，则 PC←PC+rel	3	2

减 1 非 0 转移指令也属于条件转移指令，这两条指令的功能都是首先将目的操作数的内容减 1，若结果为 0，则程序顺序执行；若结果不为 0，则程序进行跳转。

提示

DJNZ 指令常用于循环程序中控制循环次数，CJNE 指令也可用于循环程序中控制循环次数，二者的区别在于 DJNZ 常用于循环次数已知的循环程序，CJNE 常用于循环次数未知的循环程序。

五、软件延时程序

单片机系统设计中经常会用到延时，实现延时通常有两种方法：一种是硬件延时，要用到单片机的定时器/计数器，这种方法能做到精确定时，可以提高 CPU 的工作效率，我们将在之后的课程中做详细介绍；另一种是软件延时，这种方法主要采用循环程序进行，常用于对延时精度要求不高的程序中，DJNZ 指令是软件延时程序的重要组成部分。

以下这段程序是典型的软件延时程序，由三层循环构成，通过循环达到延时的目的。下面我们来分析一下软件延时程序的延时时间是如何计算的。

```
DELAY:MOV R5,#10          ;运行 1 次
LOOP: MOV R6,#100         ;运行 10 次
LOOP1:MOV R7,#250         ;运行 100×10 次
      DJNZ R7,$           ;运行 250×100×10 次
      DJNZ R6,LOOP1       ;运行 100×10 次
      DJNZ R5,LOOP        ;运行 10 次
      RET                 ;运行 1 次
```

当晶振的振荡频率为 12MHz 时，一个机器周期为 1μs。

前 3 条指令为单周期指令，运行一次需要 1μs 时间，后 4 条指令为双周期指令，运行一次需要 2μs 时间。

延时时间 T=(1+10+100×10)×1μs+(250×100×10+100×10+10+1)×2μs=503033μs≈0.5s。

提 示

软件延时只适用于对时间精度要求不高的系统，如果需要精确定时，则必须选择单片机的定时器/计数器系统进行定时。

六、C 语言的预处理命令

1. #include<文件名>或#include “文件名”

该语句的作用是“文件包含”处理，目的是将另一个源文件的内容全部包含到该源文件中。例如，#include<reg51.h>, reg51.h 是 C51 的头文件，reg51.h 内容如下。

```
/*--------------------------------------------------------
REG51.H
Header file for generic 80C51 and 80C31 icrocontroller.
Copyright (c) 1988-2002 Keil Elektronik GmbH and Keil Software, Inc.
All rights reserved.
--------------------------------------------------------*/
#ifndef __REG51_H__
#define __REG51_H__

/*  BYTE Register  */
sfr P0   = 0x80;
sfr P1   = 0x90;
sfr P2   = 0xA0;
sfr P3   = 0xB0;
sfr PSW  = 0xD0;
sfr ACC  = 0xE0;
sfr B    = 0xF0;
sfr SP   = 0x81;
sfr DPL  = 0x82;
sfr DPH  = 0x83;
sfr PCON = 0x87;
sfr TCON = 0x88;
sfr TMOD = 0x89;
sfr TL0  = 0x8A;
sfr TL1  = 0x8B;
sfr TH0  = 0x8C;
sfr TH1  = 0x8D;
sfr IE   = 0xA8;
sfr IP   = 0xB8;
sfr SCON = 0x98;
sfr SBUF = 0x99;


/*  BIT Register  */
/*  PSW   */
sbit CY   = 0xD7;
sbit AC   = 0xD6;
sbit F0   = 0xD5;
sbit RS1  = 0xD4;
```

```
sbit RS0  = 0xD3;
sbit OV   = 0xD2;
sbit P    = 0xD0;

/*  TCON  */
sbit TF1  = 0x8F;
sbit TR1  = 0x8E;
sbit TF0  = 0x8D;
sbit TR0  = 0x8C;
sbit IE1  = 0x8B;
sbit IT1  = 0x8A;
sbit IE0  = 0x89;
sbit IT0  = 0x88;

/*  IE   */
sbit EA   = 0xAF;
sbit ES   = 0xAC;
sbit ET1  = 0xAB;
sbit EX1  = 0xAA;
sbit ET0  = 0xA9;
sbit EX0  = 0xA8;

/*  IP   */
sbit PS   = 0xBC;
sbit PT1  = 0xBB;
sbit PX1  = 0xBA;
sbit PT0  = 0xB9;
sbit PX0  = 0xB8;

/*  P3  */
sbit RD   = 0xB7;
sbit WR   = 0xB6;
sbit T1   = 0xB5;
sbit T0   = 0xB4;
sbit INT1 = 0xB3;
sbit INT0 = 0xB2;
sbit TXD  = 0xB1;
sbit RXD  = 0xB0;

/*  SCON  */
sbit SM0  = 0x9F;
sbit SM1  = 0x9E;
sbit SM2  = 0x9D;
sbit REN  = 0x9C;
sbit TB8  = 0x9B;
sbit RB8  = 0x9A;
sbit TI   = 0x99;
sbit RI   = 0x98;
#endif
```

从中可以看到 reg51.h 中将 MCS-51 单片机的 21 个特殊功能寄存器全部做了定义，并且对部分特殊功能寄存器的位也进行了定义，通过“#include<reg51.h>”命令这些内容都被包含到了正在编写的程序中，因此，我们在编写程序时可以直接使用这些信息。如果我们不使用“#include<reg51.h>”，也可以自行定义需要用到的寄存器，如以下程序中的“sfr P1=0x90;”，0x90 就是 MCS-51 单片机 P1 口的地址。

例：
```
sfr P1=0X90;
sbit led=P1^0;
void main()
{
led=0;
while(1);
}
```

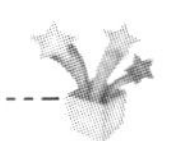

提 示

文件包含的两种方式的区别如表 3-15 所示。

表 3-15　文件包含的两种方式的区别

文件包含的两种方式	区　　别
include<>	引用的是编译器自带的库里面的头文件。 先去编译器系统目录中寻找头文件，如果没有找到再去程序所在目录下寻找
include " "	引用的程序所在目录中的头文件。 先在程序所在目录下寻找，如果找不到，再到编译器系统目录中寻找

2. #define

define 是宏定义命令。

形式：

```
#define  标识符 字符串
```

例：`#define uint unsigned int`

宏定义的作用是在本程序中用指定的标识符 uint 来代替“unsigned int”这个字符串，在编译预处理时，将程序中在该命令以后出现的所有的 uint 都用“unsigned int”代替。这种方法使用户能以一个简单的名称代替一个长的字符串。

七、C 语言函数

1. 函数的概念

C 程序一般可分为若干个程序模块，每个模块实现一个特定的功能，这些模块称为子程序，在 C 语言中子程序用函数实现。

C 程序由函数构成，使 C 程序容易实现模块化。主程序通过调用可以直接使用其他函数，这些函数可以是由 C 语言本身提供的库函数，也可以是用户自己编写的用户自定义函数。

main()函数称为主函数，一个 C 程序有且只能有一个主函数，并且无论 main()在什么位置，程序总是从 main()函数开始执行。

2. 定义函数的一般形式

无参函数的定义形式：

```
类型标识符  函数名()
            {
            数据声明
            若干语句
            }
```

类型标识符用于指定函数带回的值的类型，返回值通过 return 语句实现。无返回值的函数定义为 void 型（可不写），不写时默认为 int 型。

有参函数的定义形式：

```
类型标识符  函数名(形式列表)
                {
                数据声明
                若干语句
                }
```

例：

```
  void delay(uint x)
{
  uint a,b;                    //函数声明
  for(a=x;a>0;a--)
  for(b=110;b>0;b--);
}
```

提 示

若一个函数有多个大括号，则最外层的一对大括号为函数体的范围。每个语句和数据声明的最后必须有一个分号。

3. 函数参数

形式参数（形参）：定义函数时指定的参数，如 void delay（uint x）中的 x。

实际参数（实参）：函数调用时实际的参数，如主函数中 delay（500）中的 500。

提 示

实参可以是常量、变量、表达式但必须是确定的值，形参必须指定类型，当函数调用时，将实参的值传递给形参（只能单向传递），形参与实参的类型、数目、顺序必须一致。

4. 函数的调用

在程序中调用已经定义过的函数。

函数调用的形式：

函数名 (实参列表)

例如，常用的：

```
display(a,b);
delay(1000);
```

提 示

C 语言区分大小写，因此调用函数时函数名必须与定义的名称完全一致，如写成 Delay（500）；就会出错。

被调用的函数必须是已经存在的函数（库函数或者用户自定义函数），如果是库函数，需要在程序前加 include<*.h>将相应的库函数包含起来。对于用户自定义函数，如果被调用函数在主调函数之后，需要在主调函数前对被调函数加以声明。

声明一般形式：

```
类型标识符　函数名(形参类型 1,形参类型 2,…);
```

虽然函数声明与函数定义很相似，但其作用不同。定义是对函数功能的确定，而声明仅仅是把函数类型、函数名称，形参类型、形参个数通知编译系统，以便检验。

八、C 语言循环语句

1. for 语句

for 语句是 C 语言中最灵活，使用最广泛的循环语句。

for 语句的一般形式：

```
for(表达式 1;表达式 2;表达式 3) 循环体语句;
```

表达式 1 为循环变量赋初值；表达式 2 是循环条件，判断循环是否结束；表达式 3 为循环变量自增或自减，使循环趋向于结束。

for 语句执行过程：

（1）先执行表达式 1。

（2）判断表达式 2，若其值为真（值为非 0），则执行 for 语句中指定的内嵌语句，然后执行第（3）步。若为假（值为 0），则结束循环，转到第（5）步。

（3）执行表达式 3。

（4）转回上面第（2）步继续执行。

（5）循环结束，执行 for 语句下面的一个语句。

流程图如图 3-4 所示。

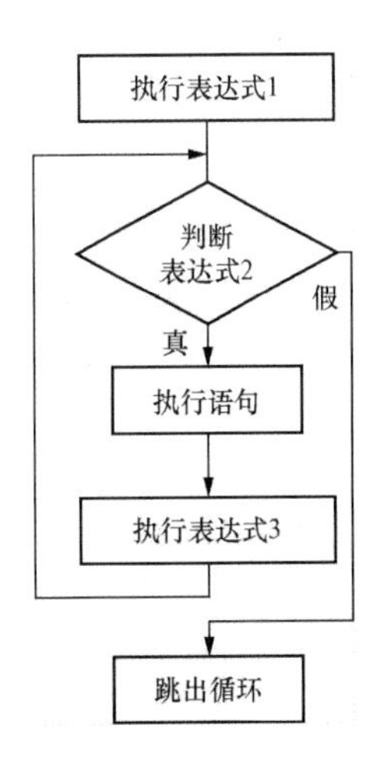

图 3-4　for 语句流程图

例：

```
for(sum=0,a=50;a>=0;a--) sum=sum+a;
```

当表达式 1 省略，for 语句可以改写成：

```
sum=0;
a=50;
for(;a>=0;a--) sum=sum+a;
```

当表达式 3 省略，for 语句可以改写成：

```
for(sum=0,a=50;a>=0;)
   {a--;sum=sum+a}
```

2. while 语句

while 语句用来实现“当型”循环结构，“当型”是指先判断表达式，后执行循环语句。

While 语句一般形式：

```
while (表达式) 语句
```

While 语句执行过程：

（1）计算表达式的值。

（2）若表达式为真（值为非 0），则执行语句，然后转到第（1）步。

若表达式为假（值为 0），则退出循环。

其流程图如图 3-5 所示。

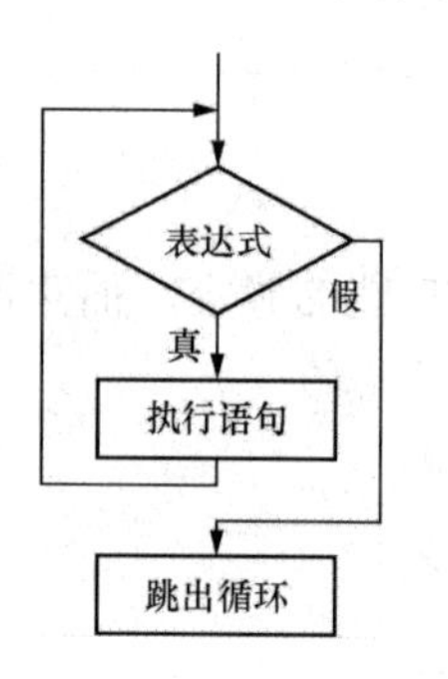

图 3-5 while 语句流程图

例：

```
sum=0;
a=50;
while(a>=0)
{sum=sum+a;a--;}
```

3. do-while 语句

do-while 语句用来实现“直到型”循环结构，“直到型”是指先执行循环语句，后判断表达式。

do-While 语句一般形式：

```
do
循环体语句
while (表达式);
```

do-while 语句执行过程：

（1）执行循环体。

（2）计算表达式值。

若表达式的值为真（值为非 0），则转到第（1）步。

若表达式的值为假（值为 0），则结束循环。

其流程图如图 3-6 所示。

例

```
sum=0;
a=50;
do
{sum=sum+a;a--;}
while(a>=0);
```

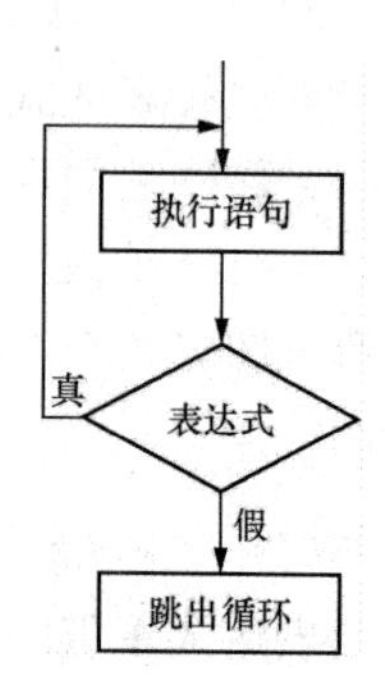

图 3-6 while 语句流程图

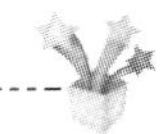
提示

循环体如果包含一个以上的语句，应该用大括弧括起来，以复合语句形式出现，如果不加大括弧，则循环语句的范围只到 for、while、do 后面第一个分号处。

进入循环前应准备好循环初值的设定，在循环体中应有使循环趋向于结束的语句。

九、语言的变量存储类型和运算符

1. C 语言中常用的数据类型

C 语言中常用的数据类型，如表 3-16 所示。

表 3-16 C 语言中常用的数据类型

数据类型	关键字	长度	数值范围
位类型	bit	1 位	0、1
无符号字符型	unsigned char	8 位（1 字节）	0～255
有符号字符型	char	8 位（1 字节）	–128～127
无符号整型	unsigned int	16 位（2 字节）	0～65535
有符号整型	int	16 位（2 字节）	–32768～32767
无符号长整型	unsigned long	32 位（4 字节）	$0\sim2^{32}-1$
有符号长整型	long	32 位（4 字节）	$-2^{31}\sim2^{31}-1$

注 本书中 bit、unsigned char 和 unsigned int 使用较为频繁。

2. 算术运算符

算术运算符如表 3-17 所示。

表 3-17 算术运算符

算术运算符	功能	算术运算符	功能
+	加法	++	自增 1
–	减法	—	自减 1
*	乘法	%	求余
/	除法		

在使用自增、自减运算符时需要注意运算符的位置，如 i++和++i 是有所不同的，虽然都是变量 i 加 1，但是区别在于 i++是先使用 i 之后 i 再加 1，++i 是 i 先加 1 后被使用。另外整数除法运算结果为其商，求余运算结果为其余数，如 11/5=2,11%5=1。

3. 关系、逻辑运算符

关系、逻辑运算符如表 3-18 所示。

表 3-18　　关系、逻辑运算符

<table>
<tr><th>关系、逻辑运算符</th><th>类型</th><th>功能</th><th>关系、逻辑运算符</th><th>类型</th><th>功能</th></tr>
<tr><td>></td><td>关系运算符</td><td>大于</td><td>!=</td><td>关系运算符</td><td>不等于</td></tr>
<tr><td>>=</td><td>关系运算符</td><td>大于等于</td><td>&&</td><td>逻辑运算符</td><td>逻辑与</td></tr>
<tr><td><</td><td>关系运算符</td><td>小于</td><td>||</td><td>逻辑运算符</td><td>逻辑或</td></tr>
<tr><td><=</td><td>关系运算符</td><td>小于等于</td><td>!</td><td>逻辑运算符</td><td>非</td></tr>
<tr><td>==</td><td>关系运算符</td><td>等于</td><td></td><td></td><td></td></tr>
</table>

注　“i==5”表示测试双方是否等值，“i=5”表示给变量 i 赋值为 5。

关系表达式的结果为一个逻辑值，1 代表真、0 代表假。假设 i=3，则关系表达式 i>5 为假，表达式结果为 0。

4. 位运算符

位运算符如表 3-19 所示。

表 3-19　　位　运　算　符

<table>
<tr><th>位运算符</th><th>功能</th><th>位运算符</th><th>功能</th></tr>
<tr><td>&</td><td>按位与</td><td>～</td><td>取反</td></tr>
<tr><td>|</td><td>按位或</td><td>>></td><td>右移</td></tr>
<tr><td>ˆ</td><td>异或</td><td><<</td><td>左移</td></tr>
</table>

左移运算符是将整个二进制数全体左移设定的位数，在移动中高位将丢失，低位补 0。

右移运算符是将整个二进制数全体右移设定的位数，在移动中低位将丢失，高位补 0。

十、C 语言注释

C 语言有两种注释形式。

“/*……*/”形式：可以对 C 程序的一部分进行注释，以“/*”开始后，一直到“*/”为止的中间所有内容都被认为是注释，“/*”和“*/”必须成对出现。

“//”形式：只能对本行进行注释，书写方便。

提 示

注释是对程序的解释、说明，不产生编译代码。

十一、项目拓展练习

按表 3-20 改变项目中交通信号灯通行时间。

表 3-20　　交通信号灯通行时间

东西	信号	绿灯亮	绿灯闪	黄灯亮	红灯亮		
	时间/s	30	4	2	22		
南 北	信号	红灯亮			绿灯亮	绿灯闪	黄灯亮
	时间/s	36			16	4	2

项目四　可切换显示效果的彩灯设计

项目描述　彩灯在我们的身边随处可见，随着科学技术的发展，将传统的制灯工艺和现代科学技术紧密结合，将单片机用于彩灯的设计制作，使彩灯更是花样翻新。本项目我们将采用单片机设计可切换显示效果的彩灯。

项目目的　掌握单片机控制 LED 的程序设计及相关指令、语句。

1. 设计要求

设计 D1～D7 具有 3 种点亮方式：①从上至下依次点亮；②从两边到中间依次点亮；③同时闪烁，通过按键切换 3 种点亮方式，构成显示效果可切换的彩灯。

2. 硬件设计

流水灯仿真原理图如图 3-7 所示。

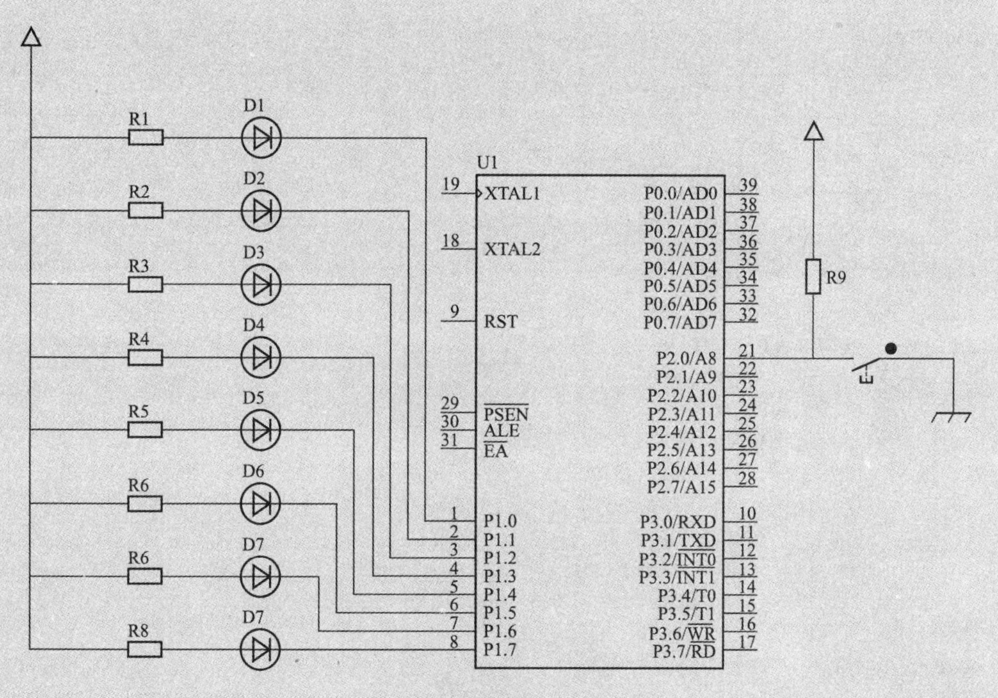

图 3-7　流水灯仿真原理图

3. 软件设计

汇编程序：

```
ORG     0000H
START:    MOV  DPTR,#TAB-5;
LOP:      JB  P2.0,LOP
          JNB P2.0,$           ;判断按键是否完成一次操作
          INC R0               ;按键计数加 1
          MOV A ,R0
          CJNE A,#4,NEXT       ;按键是否按下了 4 次,如果是重新开始
```

```
        MOV R0,#1
        MOV A,R0
NEXT:   MOV B,#4
        MUL AB
        ADD A,R0                    ;对A进行处理,使其值增大5倍(A=5,A=10,A=15)
        JMP  @A+DPTR                ;通过散转实现三种流水灯效果切换,
                                    ;A+DPTR将会产生三个散转地址(TAB,TAB+5,TAB+10)

TAB:    MOV    DPTR,#TAB1           ;流水灯第一种点亮方式
        SJMP   DISPLAY              ;转向显示程序
        MOV    DPTR,#TAB2           ;流水灯第二种点亮方式
        SJMP   DISPLAY              ;转向显示程序
        MOV    DPTR,#TAB3           ;流水灯第三种点亮方式
        SJMP   DISPLAY              ;转向显示程序

DISPLAY:MOV     R1,#0               ;R1保存变址寄存器内容
LOOP:   MOV     A,R1
        MOVC    A,@A+DPTR           ;查找流水灯显示内容代码
        CJNE    A,#0AAH,SHOW        ;判断当前流水灯是否结束
        AJMP    DISPLAY             ;重新开始当前流水灯显示

SHOW:   MOV     P1,A                ;送P1显示
        ACALL   DELAY
        JNB     P2.0,START          ;每次显示完一个状态检测按键是否按下
        INC     R1
        AJMP    LOOP

DELAY:  MOV    R5,#20
LOOP1:  MOV    R6,#20
LOOP2:  MOV    R7,#250
               DJNZ  R7,$
               DJNZ  R6,LOOP2
               DJNZ  R5,LOOP1
               RET

TAB1:DB   0FEH,0FDH,0FBH,0F7H,0EFH,0DFH,0BFH,7FH,0AAH
TAB2:DB   7EH,0BDH,0DBH,0E7H,0AAH
TAB3:DB   00H,0FFH,0AAH
END
```

C程序:

```
#include<reg51.h>
#define uint unsigned int
#define uchar unsigned char
sbit key=P2^0;          //定义key为P2.0,在程序中可以直接使用key代替P2^0

uchar code tab1[]={0xfe,0xfd,0xfb,0xf7,0xef,0xdf,0xbf,0x7F,0xaa};
uchar code tab2[]={0x7e,0xbd,0xdb,0xe7,0xaa};
uchar code tab3[]={0x00,0xff,0xaa};
uchar *p;               //定义无符号字符型指针
```

```
/*----------------------------------
          函数声明
----------------------------------*/
void display();
void delay(uint);


/*----------------------------------
          主函数
----------------------------------*/
main()
{
uchar a=0;
while(1)
    {
    if(key==0) {while(key==0); a++; } //判断按键是否按下,按下 a 加 1
    if(a==0) continue;
    else if(a==1) p=tab1;
    else if(a==2) p=tab2;
    else if(a==3) p=tab3;              //根据 a 的值使指针 p 指向不同的数组
    else {a=1;p=tab1;}
    display();                         //调用显示子函数
    }
}

/*----------------------------------
          显示子函数
----------------------------------*/
void display()
{
while(*p!=0xaa)
    {
    P1=*p;                             //送显示
    p++;                               //指针自增
    delay(300);                        //调用延时子函数
    if(key==0) break;                  //判断是否有按键按下,如果有退出显示子函数
    }
}

/*----------------------------------
          延时子函数
----------------------------------*/
void delay(uint xms)
{
uint i,j;
for(i=xms;i>0;i--)
for(j=110;j>0;j--);
}
```

一、流水灯设计

流水灯的设计是单片机学习中非常常见的一个例子，本项目的流水灯设计了三种不同花

样的流水灯，并且根据按键按下的次数实现显示效果的切换。

流水灯控制代码的设计与上一个项目中交通信号灯控制代码的设计相似，本项目中有三种显示效果，这里只介绍第一种。根据原理图可知，P1 口对应 8 个 LED，当 P1 口位输出低电平时，对应的 LED 点亮，反之熄灭。

流水灯控制代码如表 3-21 所示。

表 3-21　　流水灯控制代码

P1.7	P1.6	P1.5	P1.4	P1.3	P1.2	P1.1	P1.0	十六进制代码
D8	D7	D6	D5	D4	D3	D2	D1	
1	1	1	1	1	1	1	0	0FEH
1	1	1	1	1	1	0	1	0FDH
1	1	1	1	1	0	1	1	0FBH
1	1	1	1	0	1	1	1	0F7H
1	1	1	0	1	1	1	1	0EFH
1	1	0	1	1	1	1	1	0DFH
1	0	1	1	1	1	1	1	0BFH
0	1	1	1	1	1	1	1	7FH

从表 3-21 中可以明显地看出“0”从低位向高位逐步前进，在程序运行时显示效果为 LED 从 P1.0 开始向 P1.7 依次点亮，通过以上方法可以设计出各种流水灯效果的控制代码。

二、访问 ROM 指令

访问程序存储器指令有 2 条，用于查询存放在程序存储器中的数据，也称为表格，因此，这 2 条指令也被称为查表指令，助记符为 MOVC。访问 ROM 指令如表 3-22 所示。

表 3-22　　访问 ROM 指令

指令	指令功能说明及寻址方式	字节数	周期数
MOVC A，@A+DPTR	A←(A+DPTR)；变址寻址	1	2
MOVC A，@A+PC	PC←PC+1,A←(A+PC)；变址寻址	1	2

通过以上 2 条指令可以访问 ROM，它们的寻址方式都是变址寻址，都以累加器 A 为变址寄存器，不同之处在于一个以 DPTR 为基址寄存器，另一个以 PC 为基址寄存器。

以 DPTR 为基址寄存器时，由于 DPTR 是一个 16 位的数据指针，所以它的寻址范围可以达到 64KB，能够访问整个 ROM，使用时只需将 DPTR 指向表格首地址。

以 PC 为基址寄存器时，由于 PC 始终指向即将运行指令的地址（当前 PC）PC=PC+1，所以 PC 值不能改变，其寻址范围就由 8 位累加器 ACC 决定，因此它的寻址范围为当前 PC 开始以下的 256 个字节，这就要求以 PC 为基址寄存器时，表格必须存放在当前 PC 以下 256B 范围以内。

【例 3-11】已知 ROM 存有共阴数码管 0～9 的字段码表，表格首地址为 1000H，试根据 A 的值（设 A=8）查找对应的字段码，送 P1 口显示。ROM 中存放的 0～9 的字段码表如表 3-23 所示。

表 3-23　　ROM 中存放的 0～9 的字段码表

1000H	1001H	1002H	1003H	1004H	1005H	1006H	1007H	1008H	1009H
3FH(0)	06H(1)	5BH(2)	4FH(3)	66H(4)	6DH(5)	7DH(6)	07H(7)	7FH(8)	6FH(9)

以 DPTR 为基址寄存器时：

```
MOV DPTR,#1000H;指向表格首地址
MOVC A,@A+DPTR;A=(A+DPTR)=(8+1000H)=(1008H)=7FH
MOV P1,A;送 P1 口显示"8"
以 PC 为基址寄存器时(必须知道当前指令的存储单元地址):
0FF0H:ADD  A,#0DH;由于 PC 不可改变，只能通过 A 进行地址调整
0FF2H:MOVC A,@A+PC;PC=PC+1=0FF3H,A=(A+PC+0DH)=(1008H)=7FH
0FF3H:MOV  P1, A;P1 口显示"8"
```

由例 3-11 可知：以 DPTR 为基址寄存器查表较为容易，并且查表范围广。以 PC 为基址寄存器时，必须要得到当前 PC 值，由表格首地址减去当前 PC 值的差值作为地址调整值，通过 A 来调整，而且只能查当前 PC 以下 256B 范围的表格，使用局限性较大。

【例 3-12】硬件如图 3-7 所示，不使用查表指令的流水灯程序如下：

```
      ORG   0000H
START:MOV  P1,#0FEH
      ACALL DELAY
      MOV  P1,#0FDH
      ACALL DELAY
      MOV  P1,#0FBH
      ACALL DELAY
      MOV  P1,#0F7H
      ACALL DELAY
      MOV  P1,#0EFH
      ACALL DELAY
      MOV  P1,#0DFH
      ACALL DELAY
      MOV  P1,#0BFH
      ACALL DELAY
      MOV  P1,#7FH
      ACALL DELAY
      SJMP  START
DELAY:MOV   R5,#20
LOOP1:MOV   R6,#20
LOOP2:MOV   R7,#250
      DJNZ  R7,$
      DJNZ  R6,LOOP2
      DJNZ  R5,LOOP1
      RET
      END
```

以上程序虽然简单，也便于理解，但是当显示代码非常多时，程序就会变得冗长，并且不利于修改，需要改变显示效果就必须找到对应的指令加以修改，非常麻烦。

【例 3-13】硬件如图 3-7 所示，查表指令的流水灯程序如下：

```
ORG   0000H
START:MOV  A,#00H
      MOV  DPTR,#TAB
LOP:  MOVC A,@A+DPTR
      CJNE A,#0AAh,NEXT
      SJMP START
NEXT: MOV  P1,A
      ACALL DELAY
      MOV  A,#00H
      INC  DPTR
      SJMP LOP
DELAY:MOV    R5,#20
LOOP1:MOV    R6,#20
LOOP2:MOV    R7,#250
DJNZ  R7,$
DJNZ  R6,LOOP2
DJNZ  R5,LOOP1
RET
TAB:DB   0FEH,0FDH,0FBH,0F7H,0EFH,0DFH,0BFH,7FH,0AAH
END
```

提 示

表格中的 0AAH 不是流水灯控制代码，而是作为循环结束判断标志，必须放在表格的最后，并且要与所有的控制代码都不同。

查表指令 MOVC 的引入使程序在长度上有了很大的缩减，无论显示内容有多少，变化的仅仅是对应表格的大小。并且在修改显示效果时更加的简单，只需要修改对应的编码表，而不需要修改程序。

三、访问外部 RAM 指令

访问外部 RAM 指令有 4 条，这些指令只有用于单片机系统扩展，如访问外部 RAM 或者外部设备（外设）时才需要使用（外部 RAM 与外设统一编址），本课程项目中使用较少，因此在这里与访问 ROM 指令（表 3-24）一同介绍。

表 3-24　　访问外部 RAM 指令

指令	指令功能说明及寻址方式	字节数	周期数
MOVX @Ri,A	外部 RAM(Ri)←A，i=0、1；寄存器寻址	1	2
MOVX A,@Ri	A←外部 RAM(Ri)，i=0、1；寄存器间接寻址	1	2
MOVX @DPTR,A	外部 RAM(DPTR)←A；寄存器寻址	1	2
MOVX A,@DPTR	A←外部 RAM(DPTR)；寄存器间接寻址	1	2

访问外部 RAM 指令助记符为 MOVX，数据的输入输出必须经过累加器 A。第 1、3 条是输出指令，第 2、4 条是输入指令。指令中使用@Ri 和@DPTR 数据指针指向访问单元地址。

@Ri 为 8 位指针，寻址范围为外部 RAM（00H～FFH）的 256B 空间。

@DPTR 为 16 位指针，寻址范围为外部 RAM（0000H～FFFFH）的 64KB 空间。

例：将片内部 RAM(30H) 地址单元的内容送到外部 RAM(1234H)单元中。

方法一：
```
MOV DPTR,#1234H;给数据指针赋值
MOV A,30H;传送必须经过 A
MOVX @DPTR,A;送出到外部 RAM(1234H)单元中
```
方法二：
```
MOV R0,#34H;低 8 位地址送入 R0
MOV P2,#12H;P2 提供高 8 位地址
MOV A,30H;传送必须经过 A
MOVX @R0,A; 送出到外部 RAM(1234H)单元中
```

四、算术运算类指令

在 MCS-51 系列单片机指令系统中，算术运算类指令共有 24 条。用到的助记符有 ADD、ADDC、SUBB、DA、INC、DEC、MUL 和 DIV 共 8 种。算术运算类指令可以进行加、减、乘、除、加 1、减 1 和十进制调整等运算。需要注意执行这些指令会影响到程序状态字 PSW 中的进位标志 Cy、辅助进位标志 AC、溢出标志 OV 和奇偶标志 P。

1. 加法运算指令

（1）不带进位的加法运算指令。

不带进位的加法运算指令如表 3-25 所示。

表 3-25　不带进位的加法运算指令

指令	指令功能说明及寻址方式	Cy	AC	OV	P	字节数	周期数
ADD A，Rn	A←A+Rn；寄存器寻址	√	√	√	√	1	1
ADD A，direct	A←A+(direct)；直接寻址	√	√	√	√	2	1
ADD A，@Ri	A←A+(Ri)；寄存器间接寻址	√	√	√	√	1	1
ADD A，#data	A←A+data；立即寻址	√	√	√	√	2	1

注　√表示指令执行时对标志有影响。

ADD 指令是两个 8 位二进制数的加法指令，使用前将两个操作数放入指定单元（两个操作数中一个必须来自于 A），单片机执行指令时会自动进行二进制加法运算，将运算结果保存在 A 中，并根据结果改变相关的标志位。

（2）带进位的加法运算指令。

带进位的加法运算指令如表 3-26 所示。

表 3-26　带进位的加法运算指令

指令	指令功能说明及寻址方式	Cy	AC	OV	P	字节数	周期数
ADDC A，Rn	A←A+Rn+Cy；寄存器寻址	√	√	√	√	1	1
ADDC A，direct	A←A+(direct)+Cy；直接寻址	√	√	√	√	2	1
ADDC A，@Ri	A←A+(Ri)+Cy；寄存器间接寻址	√	√	√	√	1	1
ADDC A，#data	A←A+data+Cy；立即寻址	√	√	√	√	2	1

注　√表示指令执行时对标志有影响。

与不带进位的加法运算指令的区别：助记符为 ADDC；带进位的加法运算指令运算时除两个操作数外，还要加上进位标志 Cy。

MCS-51 单片机是一种 8 位机，所以只能做 8 位的数学运算，无符号数能够表示 0～255，有符号数能够表示–128～+127。然而，在实际工作中往往是不够的，因此就要进行扩展。一般是将两个 8 位的算术运算合起来，成为一个 16 位的运算，这样，能表示的数的范围就能达到 0～65535。因此，带符号的加法运算指令常用于多字节数加法运算。

ADD 指令和 ADDC 指令的选择可以通过十进制的运算来理解，如 28+39=。

先计算个位的加法：8+9=17，个位为 7 有进位。相当于 ADD。

再计算十位的加法：2+3=5，再加上个位对十位的进位 5+1=6，十位为 6。相当于 ADDC。

【例 3-14】将两个 16 位数 1234H 和 5678H 进行加法运算，将相加的结果放在内部 RAM（30H）和 RAM（31H）单元中。

```
MOV A,#34H
ADD A,#78H
MOV 30H,A
MOV A,#12H
ADDC A,56H
MOV 31H,A
```

2. 减法运算指令

减法运算指令如表 3-27 所示。

表 3-27　减法运算指令

指令	指令功能说明及寻址方式	Cy	AC	OV	P	字节数	周期数
SUBB A，Rn	A←A-Rn-Cy；寄存器寻址	√	√	√	√	1	1
SUBB A，direct	A←A-(direct)-Cy；直接寻址	√	√	√	√	2	1
SUBB A，@Ri	A←A-(Ri)-Cy；寄存器间接寻址	√	√	√	√	1	1
SUBB A，#data	A←A-data-Cy；立即寻址	√	√	√	√	2	1

注　√表示指令执行时对标志有影响。

减法指令的助记符为 SUBB，减法指令只有 4 条，没有不带 Cy 的减法指令，所有的减法指令都要减去 Cy，使用减法指令前要注意 Cy，不需要减 Cy 时先将 Cy 清零，否则容易出错。另外，减法指令与加法不同的是两个操作数中的被减数必须放在 A 中。

提示

8 位无符号数的范围为 0～255，当无符号加法运算结果大于 255 有进位时或当减法运算结果小于 0 有借位时 Cy=1，反之 Cy=0；当低 4 位向高 4 位有进位或者借位时 AC=1，反之 AC=0。

8 位有符号数的范围为–128～+127，当有符号加、减法运算结果超出这个范围时产生溢出 OV=1，反之 OV=0。溢出表达式 OV=C7 ⊕ C6，C7 表示最高位的进位，C6 表示次高位的进位。

A 中“1”的个数为奇数时 P=1，A 中“1”的个数为偶数时 P=0。

3. 乘除法指令

乘除法运算指令如表 3-28 所示。

表 3-28 **乘除法运算指令**

指令	指令功能说明	Cy	AC	OV	P	字节数	周期数
MUL AB	A×B 积的高 8 位放在 B 中； A×B 积的低 8 位放在 A 中	0		√	√	1	4
DIV AB	A÷B 商放在 A 中，余数放在 B 中	0		√	√	1	4

注 √表示指令执行时对标志有影响。

乘法指令 MUL 功能是实现两个 8 位无符号数的乘法运算，两个数分别放在累加器 A 和寄存器 B 中，乘积的低 8 位送入 A，高 8 位送入 B。该指令影响 PSW 的 Cy、OV 和 P 标志位，执行指令后 Cy 标志位清零。OV 标志位表示积的大小，若乘积大于 255（即 B≠0）时 OV=1，反之 OV=0。奇偶标志 P 由累加器 A 中 1 的个数决定。

除法指令 DIV 功能是实现两个 8 位无符号数的除法运算，被除数放在累加器 A 中，除数放在寄存器 B 中，商送入 A，余数送入 B。该指令影响 PSW 的 Cy、OV 和 P 标志位，执行指令后 Cy 标志位清零，奇偶标志 P 由累加器 A 中 1 的个数决定。只有当除数为 0（即 B=0）时 OV=1，表示除法无意义，否则 OV=0。

4. 加 1 减 1 指令

（1）加 1 指令。加 1 指令如表 3-29 所示。

表 3-29 **加 1 指 令**

指令	指令功能说明	Cy	AC	OV	P	字节数	周期数
INC A	A←A+1				√	1	1
INC Rn	Rn←Rn+1,n=0～7					1	1
INC @Ri	(Ri)←(Ri)+1,i=0、1					1	1
INC direct	(direct)←(direct)+1					2	1
INC DPTR	DPTR←DPTR+1					1	2

注 √表示指令执行时对标志有影响。

加 1 指令的功能是将指定的单元的内容加 1 再送回原单元。除第一条指令对奇偶标志位 P 有影响外，其他指令均不会影响 PSW 的标志位。加 1 指令不适合用来做加法运算，这些指令主要用来修改计数器的值及地址指针的值。

（2）减 1 指令。减 1 指令如表 3-30 所示。

表 3-30 **减 1 指 令**

指令	指令功能说明	Cy	AC	OV	P	字节数	周期数
DEC A	A←A-1				√	1	1
DEC Rn	Rn←Rn-1,n=0～7					1	1
DEC @Ri	(Ri)←(Ri)-1,i=0、1					1	1
DEC direct	(direct)←(direct)-1					2	1

注 √表示指令执行时对标志有影响。

减 1 指令的功能是将指定的单元的内容减 1 再送回原单元，与加 1 指令很相似，需要注意的是减 1 指令没有 DEC DPTR。

5. 十进制调整指令

指令格式：

```
DA  A
```

十进制调整指令又称为 BCD 码调整指令，指令功能是对累加器 A 中 BCD 码加法运算的结果进行修正。

BCD 码是用 4 位二进制数来表示 1 位十进制数，是一种二进制数的编码形式，BCD 码一共有 10 个（0000、0001、0010、0011、0100、0101、0110、0111、1000、1001）。BCD 码这种编码形式用四位元来存储一个十进制的数码，使二进制和十进制之间可以快捷转换。

BCD 码的加法运算有可能发生错误。例如：

十进制加法运算 2+7=9，对应的 BCD 码加法运算为 0010+0111=1001，BCD 码加法运算结果正确。

十进制加法运算 6+9=15，对应的 BCD 码加法运算为 0110+1001=1111，BCD 码加法运算结果错误。

十进制加法运算 8+9=17，对应的 BCD 码加法运算为 1000+1001=0001 Cy=1，BCD 码加法运算结果错误。

运算出错是因为 BCD 码只有 10 个有效编码，还有 6 个无效的编码（1010、1011、1100、1101、1110、1111），若相加结果进入无效码编码区时，就会发生错误。

BCD 调整的原则如下：

若 AC=1 或累加器 A 的低 4 位出现无效编码，则 A3-0←A3-0+06H。

若 Cy=1 或累加器 A 的高 4 位出现无效编码，则 A7-4←A7-4+06H。

上述调整是由单片机中十进制修正电路自动进行的，用户在使用时只需要在 ADD 和 ADDC 指令之后加上 DA A 即可。

【例 3-15】进行两个 BCD 码的加法运算 A=56H，R5=67H。

```
ADD     A,R5
DA      A
```

以上两条指令中 ADD 实现两个 8 位二进制数的加法运算，DA A 将运算结果调整为 BCD 码，具体过程如下：

```
         0101 0110
        +0110 0111
        ----------
         1011 1101    高 4 位和低 4 位都出现了无效码，都加 06H 调整。
调整：  +0110 0110
        ----------
        1 0010 0011   BCD 码为 123H，结果正确。
```

五、C 语言数组的应用

数组是 C 语言的一种构造数据类型，数组必须由具有相同数据类型的元素构成，这些元素称为数组元素。数组必须要先定义，后使用。单片机开发中一般一维数组就能够满足要求，所以这里着重介绍一维数组。

1. 一维数组

一维数组的定义：

数据类型 数组名［常量表达式］

例：

```
unsigned char code tab2[5]
```

定义后的数组名为 tab2，有 5 个数组元素；数据类型为无符号字符型；“ code”关键字将数组元素定义在 ROM 中(假设地址为 0x1000),定义后的数组在 ROM 中的如表 3-31 所示，数组名是地址常量 tab2=0x1000。

表 3-31 数 组 tab2

ROM 地址	数组元素	ROM 地址	数组元素
1000	tab2［0］	1003	tab2［3］
1001	tab2［1］	1004	Tab2［4］
1002	tab2［2］		

提 示

对于定义好的数组可以通过：数组名［下标］的形式来使用（下标从 0 开始），并且只能逐个引用数组元素，不能一次引用整个数组。

2. 一维数组的初始化

（1）在定义数组时对所有数组元素赋予初值。

例：

```
uchar code tab1[9]={0xfe,0xfd,0xfb,0xf7,0xef,0xdf,0xbf,0x7F,0xaa};
```

（2）只对数组的部分元素初始化。

例：

```
uchar code tab1[9]={0xfe,0xfd};
```

上面定义的数组共有 9 个元素，但只对前两个赋初值，tab1[0]=0xfe，tab1[1]=0xfd，剩余的数组元素的值都为 0。

（3）在定义数组时对所有数组元素都不赋初值，则数组元素值均被赋值为 0。

（4）在定义时不指定数组元素的个数，编译系统根据初值个数确定数组大小。

【例 3-16】硬件如图 3-7 所示，C 语言流水灯程序如下。

不使用数组：

```
#include<reg51.h>
void delay(int xms)
{
int i,j;
for(i=xms;i>0;i--)
for(j=110;j>0;j--);
}
```

```
main()
{
unsigned char a=0;
while(1)
    {
    P1=0xfe;
    delay(300);
    P1=0xfd;
    delay(300);
    P1=0xfb;
    delay(300);
    P1=0xf7;
    delay(300);
    P1=0xef;
    delay(300);
    P1=0xdf;
    delay(300);
    P1=0xbf;
    delay(300);
    P1=0x7f;
    delay(300);
    }
}
```

使用数组：

```
#include<reg51.h>
unsigned char code tab[]={0xfe,0xfd,0xfb,0xf7,0xef,0xdf,0xbf,0x7f};
void delay(int xms)
{
int i,j;
for(i=xms;i>0;i--)
for(j=110;j>0;j--);
}
main()
{
unsigned char a=0;
while(1)
    {
    P1=tab[a++];
    delay(300);
    if(a==8) a=0;
    }
}
```

通过以上程序可以看出数组的引入使程序大幅精简，并且在修改显示效果时更加的简单，只需要修改对应的数组，而不需要修改程序。

3. 二维数组

二维数组的定义：

数据类型　数组名［常量表达式］［常量表达式］

例：

```
unsigned int led[2][3]={{1,2,3},{4,5,6}};
```

通过以上定义构成了一个 2 行 3 列的行列式，第一行为 1、2、3；第二行为 4、5、6。

4. 字符数组

数组中的数组元素由字符构成的数组为字符数组，液晶显示程序设计中经常使用字符数组。

例：

```
char name[]={'N', 'A', 'M', 'E'};
```

六、C 语言指针的应用

在 C 程序中定义一个变量后，在编译时就给这个变量分配一个存储单元，并且根据变量的类型决定这个存储单元的大小，如整型变量为两个字节，字符型变量为一个字节。每一个变量在存储器中都有自己的地址，这个地址就称为指针。

指针变量是指向特定数据类型的变量，指针变量中存放的不是变量而是变量的地址。指针必须要先定义，后使用。

1. 指针变量的定义

指针变量的定义形式：

```
类型标识符  *指针变量名
```

例：

```
unsigned char *p;    //定义指针变量 p 可以指向无符号字符型变量
```

2. 指针变量的应用

例：

```
main()
{
char a,b;                       //定义 a,b 为字符型变量
a=1;b=2;                        //赋值 a=1,b=2
char *p1,*p2;                   //定义指向字符型变量的指针变量 p1 和 p2
p1=&a;                          //将变量地址送入指针变量
p2=&b;                          //整型变量的地址才能放入指向整型变量的指针变量中
}
```

以上程序将变量 a、b 的地址分别赋值给 p1、p2（p1、p2 为变量名），使*p1=1,*p2=2，运行结果见表 3-32。

表 3-32 程 序 运 行 结 果

	变量名	变量地址	内容
*p1→	a	1000	1
*p2→	b	1001	2
	…	…	…
	p1	2000	1000
	p2	2003	1001

&为取地址运算符，&a 表示取变量 a 的地址。

3. 数组的指针

数组由若干个相同数据类型的数组元素组成，每个数组元素都有自己的地址，数组元素的指针就是数组元素的地址。

【例 3-17】 通过指针引用数组元素。

```
#include<reg51.h>
main()
{
unsigned char code table[]={0x3f,0x06,0x5b,0x4f,
                            0x66,0x6d,0x7d,0x07,
                            0x7f,0x6f,0x77};
unsigned char *p;          //定义指向无符号字符型变量的指针 p
p=&table[0];               //将数组首地址送入指针变量。
while(*p!=0x77)
    {
    P1=*p++;               //修改指针使指针指向下一个数组元素
    delay(500);
    }
}
```

假设例 3-17 中的数组在 ROM 中的从地址 0x1000 开始存放，则数组元素与数组指针的关系见表 3-33。

表 3-33 **数组元素与数组指针的关系**

	数组元素/指针	地址	内容
*p→	table[0]	1000	3f
	table[1]	1001	06
	table[2]	1002	5b
	table[3]	1003	4f
	table[4]	1004	66
	table[5]	1005	6d
	table[6]	1006	7d
	table[7]	1007	07
	table[8]	1008	7f
	table[9]	1009	6f
	table[10]	100a	77
	…	…	…
	p	2000	1000

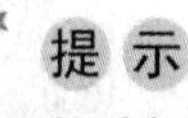

“p=&table[0];”也可写成“p=table;”。在 C 语言中，数组名代表数组首地址。

七、C 语言 if 语句

if 语句是二分支选择控制语句，是 C 语言控制语句中使用比较频繁的语句之一。If 语句有 3 种表现形式。

1. 第一种表现形式

语句格式：

```
if  (表达式) 语句
```

表达式一般为逻辑表达式或关系表达式，如果表达式为真，则执行语句；如果为假，则无操作，如图 3-8 所示。

例：

```
#include<reg51.h>
main()
{
int num;
if(num>0) led=1;          //如果变量 num>0,则使 led 为 1;反之什么也不做
}
```

2. 第二种表现形式

语句格式：

```
 if(表达式)        语句 1
else              语句 2
```

如果表达式为真，则执行语句 1；如果为假，则执行语句 2，如图 3-9 所示。

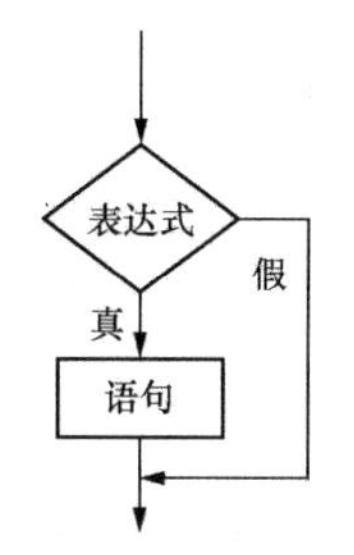

图 3-8　if 语句流程图（1）

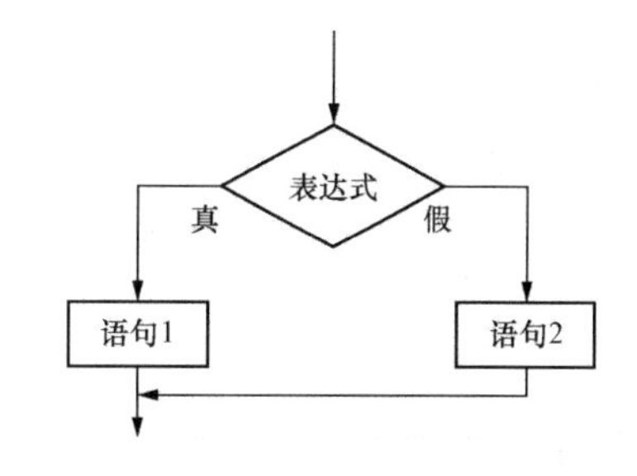

图 3-9　if 语句流程图（2）

例：

```
#include<reg51.h>
main()
{
int num;
if(num>0) led=1;          //如果变量 num>0,则使 led 为 1
else     led=0;           //如果变量 num<0,则使 led 为 0
}
```

3. 第三种表现形式

语句格式：

```
if(表达式 1)语句 1
else if(表达式 2) 语句 2
```

```
else if(表达式 3) 语句 3
…
else  语句 n
```

如果表达式 1 为真，则执行语句 1；否则，如果表达式 2 为真，则执行语句 2；否则，如果表达式 3 为真，则执行语句 3；否则执行语句 n，如图 3-10 所示。

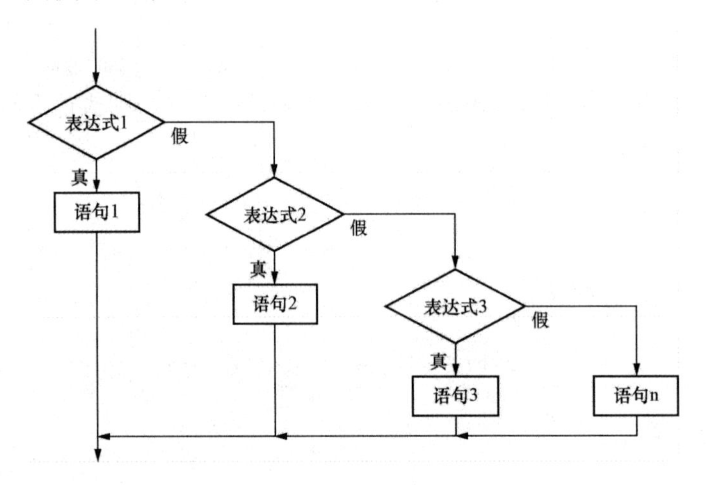

图 3-10 if 语句流程图（3）

例：

```
#include<reg51.h>
main()
{
int num;
if(num==0)      led1=1;       //如果变量 num=0,则使 led1 为 1
else if(num==1) led2=1;       //如果变量 num=1,则使 led2 为 1
else if(num==2) led3=1;       //如果变量 num=2,则使 led3 为 1
else led4=1;                  //否则 led4=1
}
```

4. if 语句的嵌套

语句格式：

```
If(表达式 1)
    if(表达式 2)  语句 1
    else          语句 2
else
    if(表达式 3)  语句 3
    else          语句 4
```

else 总是与它上面的、最近的、同一复合语句中的、未配对的 if 语句配对。当 if 和 else 数目不同时，可以加大括号来确定配对关系。嵌套 if 语句流程图如图 3-11 所示。

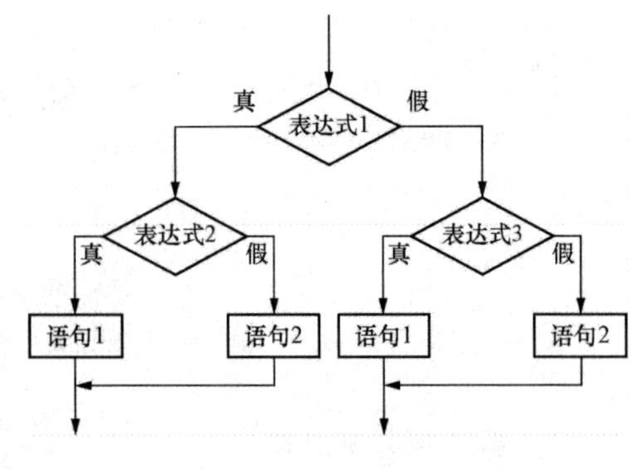

图 3-11 嵌套 if 语句流程图

例：

```
#include<reg51.h>
```

```
main()
{
int num;
if(num>0)
    if(num==1)  led1=0;        //如果变量num>0,并且num=1,则使led1为0
    else        led1=1;        //如果变量num>0,但是num≠1,则使led1为1
else
    if(num==-1) led2=0;        //如果变量num<0,并且num=-1,则使led2为0
    else        led2=1;        //如果变量num<0,但是num≠-1,则使led2为1
}
```

提 示

在if和else后面只含有一个内嵌的操作语句，如果有多个操作语句，必须用大括号将几个语句括起来成为一个复合语句。

八、C语言break和continue语句

1. break语句

一般形式：

```
break:
```

break语句只能用于跳出循环程序和switch语句。

2. continue语句

一般形式：

```
continue;
```

continue语句用于循环程序，循环程序中遇到continue语句将会结束本次循环，直接进入下一次循环。

提 示

break和continue的区别：break语句将会终止整个循环程序，而continue语句只跳过本次循环，不会终止整个循环程序。

九、项目拓展练习

硬件如图3-7所示，自定义五种彩灯显示花样，通过按键实现显示切换。

任务六 数码管显示电路设计应用

项目五 数码管静态显示电路的设计——数码管循环显示00～59

项目描述 数码管在电器特别是家电领域应用极为广泛，如空调、热水器、冰箱等。本项目我们将学习数码管静态显示的软、硬件设计。

项目目的 掌握数码管静态显示的硬件设计和程序设计及相关指令、语句。

1. 设计要求

数码管采用静态显示的方式与单片机连接，两位数码管循环显示 00～59。

2. 硬件设计

数码管显示电路仿真原理图如图 3-12 所示。

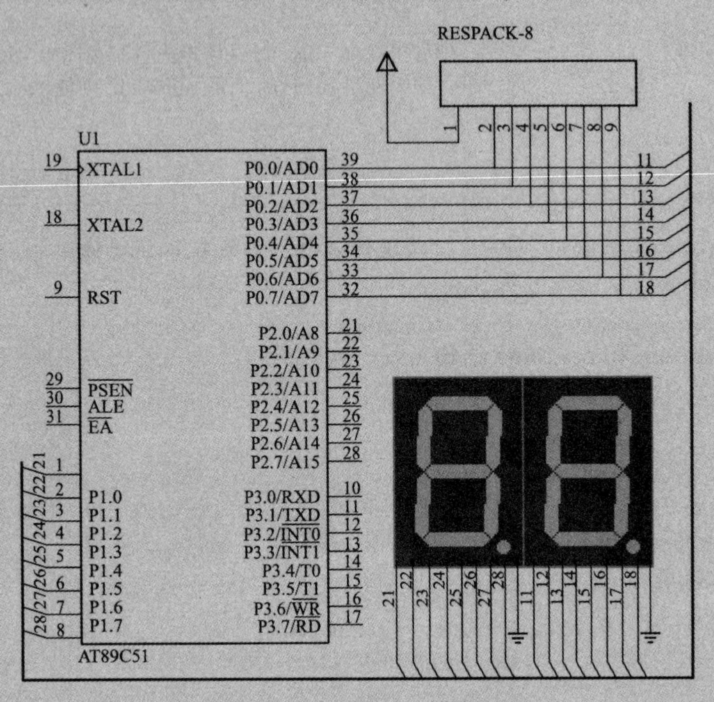

图 3-12 数码管显示电路仿真原理图

3. 软件设计

汇编程序：

```
ORG   0000H
START: MOV DPTR,#TAB              ;指针指向字段码表
       CLR A                      ;清零 A，显示从 00 开始
LED:   MOV R0,A                   ;显示内容暂存于 R0
;-----------------显示个位--------------
            ANL A,#0FH            ;取要显示的个位数
            MOVC A,@A+DPTR        ;查显示数据对应的字段码表
            MOV P0,A              ;送个位显示
;-----------------显示十位--------------
            MOV A,R0
            ANL A,#0F0H
            SWAP A                ;累加器 A 高低半字节互换
            MOVC A,@A+DPTR
            MOV P1,A
;-------------循环显示 00-59-----------
            ACALL DELAY
            MOV A,R0
            ADD A,#1              ;显示数据加 1
```

```
            DA  A                    ;BCD码调整
            CJNE A,#60H,LED          ;判断显示数据是否到达 60
            CLR  A
            SJMP LED

;--------------------0.5s 延时程序----------------------
DELAY:MOV R5,#10
LOOP: MOV R6,#100
LOOP1:MOV R7,#250
      DJNZ R7,$
      DJNZ R6,LOOP1
      DJNZ R5,LOOP
      RET

;----------------共阴数码管字段码---------------------
TAB:DB 3fH,06H,5bH,4fH,66H,6dH,7dH,07H,7fH,6fH,77H,7cH,39H,5eH,79H,71H
END
```

C 程序:

```
#include<reg51.h>
#define uint unsigned int
#define uchar unsigned char
uchar num=0;
uchar code table[]={0x3f,0x06,0x5b,0x4f,
                    0x66,0x6d,0x7d,0x07,
                    0x7f,0x6f,0x77,0x7c,
                    0x39,0x5e,0x79,0x71};
/*-----------------------------------
        延时子函数
-----------------------------------*/
void delay(uint x)
{
uint a,b;
for(a=x;a>0;a--)
   for(b=110;b>0;b--);
}

/*-----------------------------------
          主函数
-----------------------------------*/
main()
{
while(1)
        {
        P1=table[num/10];          //显示十位
        P0=table[num%10];          //显示个位
        delay(500);
        num++;                     //显示数据加 1
        if(num==60) num=0;         //判断显示数据是否到达 60
        }
}
```

一、数码管

数码管也称LED数码管，数码管按段数可分为七段数码管和八段数码管，八段数码管比七段数码管多一个发光二极管单元用于显示小数点。数码管亮度高、低功耗、寿命长，是单片机系统开发中最常用的显示器件。

1. 数码管的结构和工作原理

八段数码管由8个发光二极管（以下简称字段）构成，如图3-13所示，通过不同的组合可以显示数字、字母和符号。

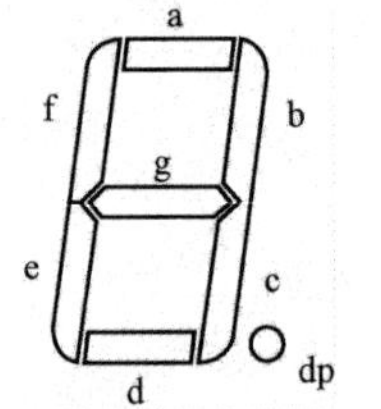

图3-13 数码管外形

数码管按发光二极管连接的方式可分为共阳极数码管和共阴极数码管。共阳数码管是指将所有发光二极管的正极接到一起形成公共端的数码管，如图3-14所示，共阳数码管在使用时应将公共端接到+5V电压上，当某一字段发光二极管的负极为低电平时，对应字段就点亮，当某一字段的负极为高电平时，对应字段就不亮。共阴数码管是指将所有发光二极管的负极接到一起形成公共端的数码管，如图3-15所示，共阴数码管在使用时应将公共端接到地GND，当某一字段发光二极管的正极为高电平时，相应字段就点亮，当某一字段的正极为低电平时，相应字段就不亮。

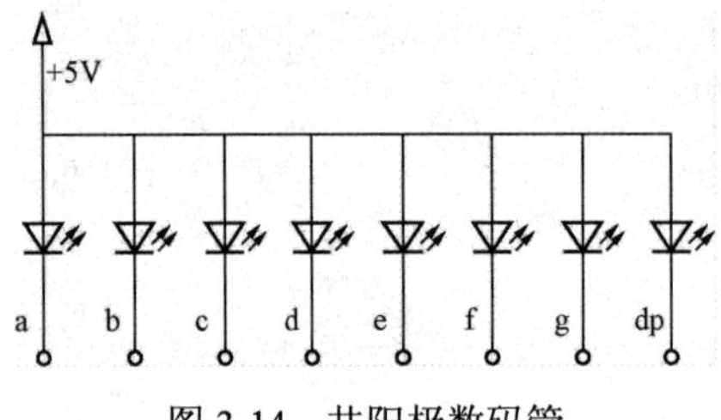

图3-14 共阳极数码管

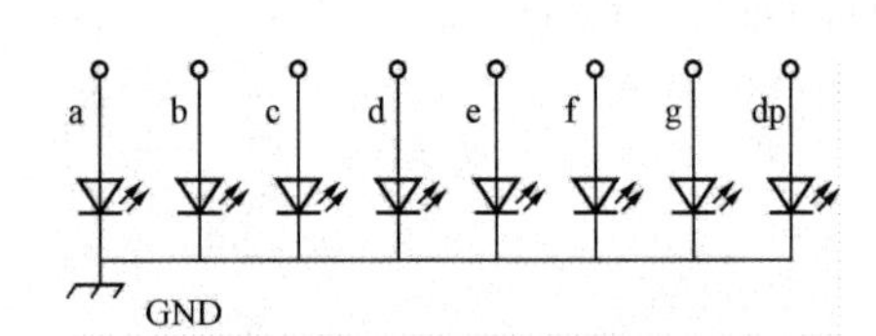

图3-15 共阴极数码

2. 数码管字段编码

单片机连接数码管时，通常I/O口8个引脚从低位到高位分别连接数码管a～dp8个引脚，在单片机系统中要使数码管显示出相应的数字或字符时，I/O口就需要输出相应的字段编码简称为字段码。字段码分为七段码和八段码，七段码是不显示小数点的，需要点亮小数点时可以通过编程实现小数点的点亮，七段码在单片机开发中应用较为普遍。共阴数码管的七段字段编码如表3-34所示。

表3-34 共阴数码管七段字段编码表

显示内容	PX.7	PX.6	PX.5	PX.4	PX.3	PX.2	PX.1	PX.0	字段码	共阳字段码
	dp	g	f	e	d	c	b	a		
0	0	0	1	1	1	1	1	1	3FH	C0H
1	0	0	0	0	0	1	1	0	06H	F9H
2	0	1	0	1	1	0	1	1	5BH	A4H
3	0	1	0	0	1	1	1	1	4FH	B0H
4	0	1	1	0	0	1	1	0	66H	99H
5	0	1	1	0	1	1	0	1	6DH	92H
6	0	1	1	1	1	1	0	1	7DH	82H

续表

显示内容	PX.7	PX.6	PX.5	PX.4	PX.3	PX.2	PX.1	PX.0	字段码	共阳字段码
	dp	g	f	e	d	c	b	a		
7	0	0	0	0	0	1	1	1	07H	F8H
8	0	1	1	1	1	1	1	1	7FH	80H
9	0	1	1	0	1	1	1	1	6FH	90H
A	0	1	1	1	0	1	1	1	77H	88H
B	0	1	1	1	1	1	0	0	7CH	83H
C	0	0	1	1	1	0	0	1	39H	C6H
D	0	1	0	1	1	1	1	0	5EH	A1H
E	0	1	1	1	1	0	0	1	79H	86H
F	0	1	1	1	0	0	0	1	71H	8EH

注 共阴数码管字段码和共阳数码管字段码互为反码。

二、数码管静态显示电路设计

静态显示是指每一个 LED 数码管都需要一个 8 位并行 I/O 口进行控制，并且数码管的公共端始终被选中。静态显示电路如图 3-16 所示。

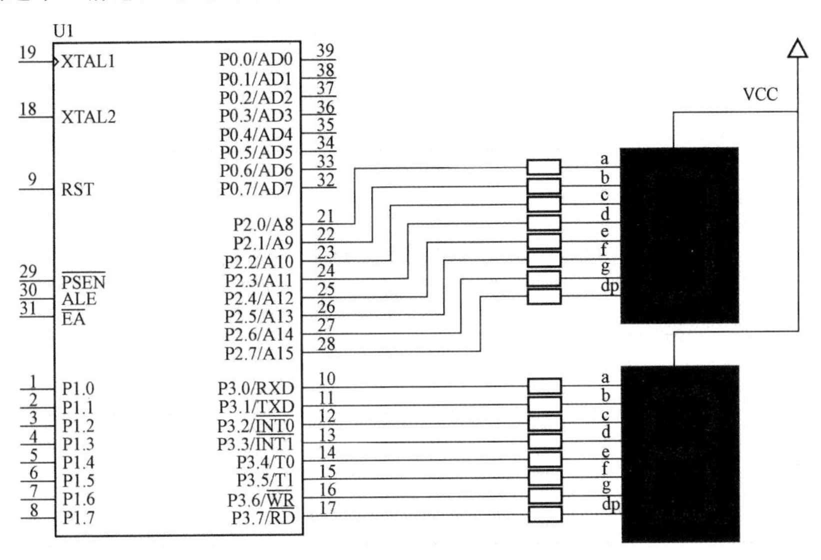

图 3-16 静态显示电路

静态显示的主要优点是电路结构简单、显示稳定、编程容易；缺点是占用硬件资源较多，每个数码管都需要一个并行 I/O 口控制，单片机在不扩展 I/O 口的情况下，最多只能连接 4 个数码管。

三、逻辑运算指令

在 MCS-51 系列单片机指令系统中，逻辑运算类指令和移位指令共有 20 条。用到的助记符有 ANL、ORL、XRL、CLR、CPL。

1. 逻辑“与”指令

逻辑“与”指令如表 3-35 所示。

表 3-35 **逻辑“与”指令**

指令	指令功能说明及寻址方式	字节数	周期数
ANL A，Rn	A←A∧Rn；寄存器寻址	1	1
ANL A，@Ri	A←A∧(Ri)；寄存器间接寻址	1	1
ANL A，direct	A←A∧(direct)；直接寻址	2	1
ANL A，#data	A←A∧data；立即寻址	2	1
ANL direct，A	(direct)←(direct)∧A；寄存器寻址	2	1
ANL direct，#data	(direct)←(direct)∧data；立即寻址	3	2

逻辑“与”也称为逻辑乘，以上 6 条指令实现的是两个 8 位二进制数按位进行逻辑“与”运算，并将结果存放在目的操作数中。

【例 3-18】已知累加器 A=69H，写出分别执行以下指令后的运行结果。

```
ANL A,#0FH; A=69H∧0FH=  01101001B
                       ∧00001111B
                        00001001B=09H
ANL A,#0F0H; A=69H∧0F0H=  01101001B
                         ∧11110000B
                          01100000B=60H
```

2. 逻辑“或”指令

逻辑“或”指令如表 3-36 所示。

表 3-36 **逻辑“或”指令**

指令	指令功能说明及寻址方式	字节数	周期数
ORL A,Rn	A←A∨Rn；寄存器寻址	1	1
ORL A,@Ri	A←A∨(Ri)；寄存器间接寻址	1	1
ORL A,direct	A←A∨(direct)；直接寻址	2	1
ORL A,#data	A←A∨data；立即寻址	2	1
ORL direct,A	(direct)←(direct)∨A；寄存器寻址	2	1
ORL direct,#data	(direct)←(direct)∨data；立即寻址	3	2

逻辑“或”也称为逻辑加，以上 6 条指令实现的是两个 8 位二进制数按位进行逻辑“或”运算，并将结果存放在目的操作数中。

【例 3-19】已知累加器 A=06H，R1=90H，RAM(30H)=09H，写出分别执行以下指令后的运行结果。

```
ORL  A,R1; A=06H∨90H=  00000110B
                      ∨10010000B
                       10010110B=96H
```

```
ORL  A,30H; A=06H∨09H=  00000110B
                       ∨00001001B
                       ----------
                        00001111B=0FH
```

【例 3-20】 将 RAM(30)中的高 4 位送入 P1 口的高 4 位，P1 口的低 4 位保持不变。

```
MOV A,30H;A←(30H)
ANL A,#0F0H;屏蔽累加器 A 的低 4 位,保留高 4 位
ANL P1,#0FH;屏蔽 P1 的高 4 位,保留低 4 位
ORL P1,A; 累加器 A 的高 4 位和 P1 的低 4 位组合,结果保存在 P1 中
```

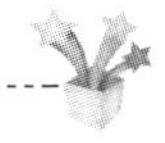

提 示

ANL 指令可用于“拆字”，ORL 指令可用于“并字”。

3. 逻辑“异或”指令

逻辑“异或”指令如表 3-37 所示。

表 3-37　逻辑“异或”指令

指令	指令功能说明及寻址方式	字节数	周期数
XRL A，Rn	A←A ⊕ Rn；寄存器寻址	1	1
XRL A，@Ri	A←A ⊕ (Ri)；寄存器间接寻址	1	1
XRL A，direct	A←A ⊕ (direct)；直接寻址	2	1
XRL A，#data	A←A ⊕ data；立即寻址	2	1
XRL direct，A	(direct)←(direct) ⊕ A；寄存器寻址	2	1
XRL direct，#data	(direct)←(direct) ⊕ data；立即寻址	3	2

以上 6 条指令实现的是两个 8 位二进制数按位进行逻辑“异或”运算，并将结果存放在目的操作数中，运算双方数值相同结果为 0，运算双方数值不同结果为 1。

【例 3-21】 已知累加器 A=69H，写出分别执行以下指令后的运行结果。

```
XRL A,#0FH; A=69H⊕0FH=  01101001B
                       ⊕00001111B
                       ----------
                        01100110B=66H
XRL A,#0F0H; A=69H⊕0F0H=  01101001B
                         ⊕11110000B
                         ----------
                          10011001B=99H
```

4. 累加器 A 清零、取反指令

累加器 A 清零、取反指令，如表 3-38 所示。

表 3-38　累加器 A 清零、取反指令

指令	指令功能	字节数	周期数
CLR　A	累加器 A 清零；A=00H	1	1
CPL　A	累加器 A 取反；$A=\overline{A}$	1	1

【例 3-22】已知累加器 A=69H，写出分别执行以下指令后的运行结果。

CLR　A;　A=00H

CPL　A;　A=$\overline{\text{69H}}$=$\overline{\text{01101001B}}$=10010110B=96H

四、数据交换指令

MCS-51 系列单片机指令系统中，数据交换指令有 5 条，如表 3-39 所示。用到的助记符有 XCH、XCHD 和 SWAP。

表 3-39　　数 据 交 换 指 令

指令	指令功能说明及寻址方式	字节数	周期数
XCH　A，Rn	A←→Rn；寄存器寻址	1	1
XCH　A，direct	A←→(direct)；直接寻址	2	1
XCH　A，@Ri	A←→(Ri)；寄存器间接寻址	1	1
XCHD A，@Ri	$A_{3\text{-}0}$←→$(Ri)_{3\text{-}0}$；寄存器间接寻址	1	1
SWAP A	$A_{7\text{-}4}$←→$A_{3\text{-}0}$；寄存器寻址	1	1

以上指令的目的操作数均为累加器 A。前 3 条指令为一个字节的交换指令，指令将通过不同寻址方式获得的片内 RAM 单元中的内容和累加器 A 的内容互换。后面两条指令是半字节交换指令，XCHD 指令是将指定单元中内容的低 4 位与累加器 A 中的低 4 位进行互换，高 4 位保持不变；SWAP 指令是将累加器 A 的高、低半字节互换。

【例 3-23】已知累加器 A=69H，R1=30H，RAM(30H)=0FH，写出分别执行以下指令后的运行结果。

```
XCH  A,R1          ;A与R1内容互换,A=30H,R1=69H
XCH  A,30H         ;A与30H内容互换,A=0FH,(30H)=69H
XCH  A,@R1         ;A与30H内容互换,A=0FH,(30H)=69H
XCHD A,@R1         ;A与30H低4位互换,高4位保持不变,A=6FH,(30H)=09H
SWAP A             ;A的高、低半字节互换,A=96H
```

五、项目拓展练习

1．如图 3-12 所示，编程实现数码管 00～59 的循环显示。

2．设计单片机连接三个静态显示数码管，分别显示“a、b、c”。

项目六　数码管动态显示电路的设计——多位数码管显示日历

项目描述　当数码管显示位数较多时，静态显示已经不能满足设计需求，这时动态显示是很好的选择，本项目我们将采用数码管动态显示的方法显示年-月-日。

项目目的　掌握数码管动态显示的硬件设计和程序设计及相关指令、语句。

1．设计要求

通过单片机控制使数码管动态显示十位信息“2013-11-27”

2．硬件设计

数码管显示日历电路仿真原理图如图 3-17 所示。

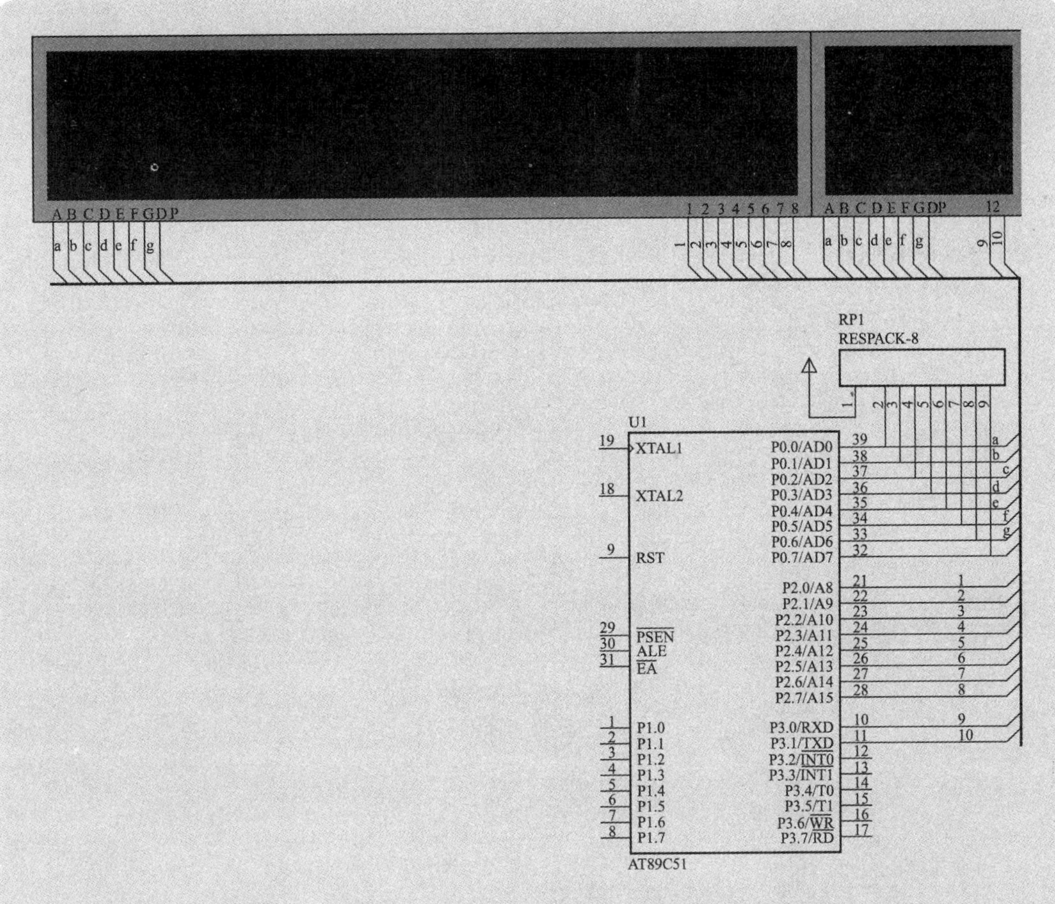

图 3-17 数码管显示日历电路仿真原理图

3. 软件设计

汇编程序：

```
ORG  0000H
NIAN1 EQU 30H
NIAN2 EQU 31H
YUE   EQU 32H
R_I   EQU 33H

NIAN1_L EQU 34H
NIAN1_H EQU 35H
NIAN2_L EQU 36H
NIAN2_H EQU 37H
YUE_L   EQU 38H
YUE_H   EQU 39H
RI_L    EQU 3AH
RI_H    EQU 3BH

MAIN: MOV NIAN1,#20H
      MOV NIAN2,#13H
      MOV YUE  ,#11H
```

```
      MOV R_I  ,#27H        ;预设显示日期为 2013-11-27

START:MOV DPTR,#TAB         ;16 位指针指向字段码表头
      MOV R0,#NIAN1         ;8 位指针@Ri 指向 NIAN1
MOV R1,#NIAN1_L             ;8 位指针@Ri 指向 NIAN1_L

;--------------------将压缩 BCD 码拆分为两个 BCD 码--------------------
LOP:  MOV A,@R0
      ANL A,#0F0H
      SWAP A
      MOV @R1,A
      INC R1
      MOV A,@R0
      ANL A,#0FH
      MOV @R1,A
      INC R1
      INC R0
      CJNE R0,#34H,LOP
;-------------------------显示程序-------------------------------------
DISPLAY:MOV R0,#NIAN1_L     ;@R0 指向显示内容 BCD 码存放的首地址
        MOV R2,#0FEH        ;R2 存放位码
LOOP:   MOV A,@R0           ;取显示内容 BCD 码
        MOVC A,@A+DPTR      ;查 BCD 码对应的字段码
        MOV P0,A            ;送段码
        MOV P2,R2           ;送位码
        ACALL DELAY1MS      ;延时
        MOV P2,#0FFH        ;消影
        INC R0              ;指针加 1
        MOV A,R2
        RL  A
        MOV R2,A            ;修改位码
        CJNE R2,#0EFH,LOOP1;在 2013 后显示"-"
        MOV P2,#0EFH
        MOV P0,#40H
        ACALL DELAY1MS
        MOV A,R2
        RL  A
        MOV R2,A
LOOP1:  CJNE R2,#7FH,LOOP2 ;在 11 后显示"-"
        MOV P2,#7FH
        MOV P0,#40H
        ACALL DELAY1MS
        MOV A,R2
        RL  A
        MOV R2,A
LOOP2:  CJNE R2,#0FEH,LOOP
        MOV P2,#0FFH
        MOV A,@R0
        MOVC A,@A+DPTR
        MOV P0,A
        CLR  P3.0
```

```
        ACALL DELAY1MS
        SETB P3.0
        INC R0
        MOV A,@R0
        MOVC A,@A+DPTR
        MOV P0,A
        CLR  P3.1
        ACALL DELAY1MS
        SETB P3.1
        AJMP START

;----------------------1ms 延时程序----------------------------
DELAY1MS:MOV R5,#2
DELAY:   MOV R6,#250
         DJNZ R6,$
         DJNZ R5,DELAY
         RET

;----------------------共阴数码管字段码--------------------------
TAB:DB 3fH,06H,5bH,4fH,66H,6dH,7dH,07H,7fH,6fH,77H,7cH,39H,5eH,79H,71H
END
```

C 程序:

```
#include<reg51.h>
#include<intrins.h>
#define uint unsigned int
#define uchar unsigned char

uint nian=2013;
uchar yue=11,ri=27;
uchar code table[]={0x3f,0x06,0x5b,0x4f,
                    0x66,0x6d,0x7d,0x07,
                    0x7f,0x6f,0x77,0x7c,
                    0x39,0x5e,0x79,0x71};
/*--------------------------------
           函数声明
--------------------------------*/
void delay(uint);
void display();
/*--------------------------------
           主函数
--------------------------------*/
main()
{
```

```
while(1)    display();
}
/*----------------------------------
          显示子函数
----------------------------------*/
void display()
{
   P2=0xfe;
   P0=table[nian/1000];
   delay(1);
   P0=0x00;
   P2=_crol_(P2,1);
   P0=table[nian%1000/100];
   delay(1);
   P0=0x00;
   P2=_crol_(P2,1);
   P0=table[nian%1000%100/10];
   delay(1);
   P0=0x00;
   P2=_crol_(P2,1);
   P0=table[nian%1000%100%10];
   delay(1);
   P0=0x00;
   P2=_crol_(P2,1);
   P0=0x40;
   delay(1);
   P0=0x00;
   P2=_crol_(P2,1);
   P0=table[yue/10];
   delay(1);
   P0=0x00;
   P2=_crol_(P2,1);
   P0=table[yue%10];
   delay(1);
   P0=0x00;
   P2=_crol_(P2,1);
   P0=0x40;
   delay(1);
   P2=0xff;
   P3=0xfe;
   P0=table[ri/10];
   delay(1);
   P0=0x00;
   P3=0xfd;
   P0=table[ri%10];
```

```
    delay(1);
    P3=0xff;
}
/*---------------------------------
        延时子函数
---------------------------------*/
void delay(uint x)
{
uint a,b;
for(a=x;a>0;a--)
   for(b=110;b>0;b--);
}
```

4. 仿真结果

日历仿真结果如图 3-18 所示。

图 3-18 日历仿真结果

一、数码管动态显示电路设计

当数码管的位数比较多时，若采用静态显示方式，会占用大量的 I/O 接口，硬件电路比较复杂。为了简化电路，降低成本，就采用了动态显示方式。动态显示电路是将各位数码管相同的字段连在一起，由一个并行 I/O 接口控制，各位数码管的公共端由另一个并行 I/O 接口控制，如图 3-19 所示。动态显示方式占用 I/O 接口少，电路简单，但程序设计比静态显示方式复杂。

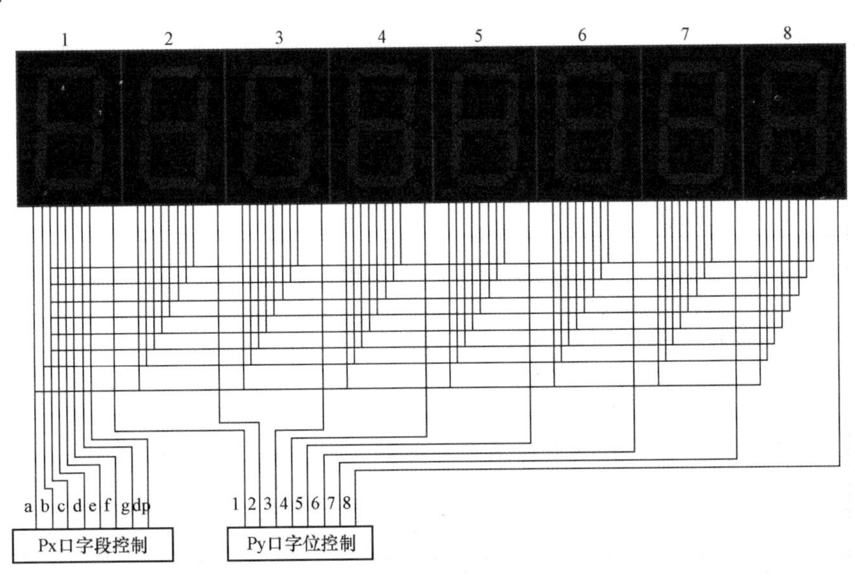

图 3-19 共阴动态显示电路

采用动态显示时，通常选择集成好的数码管，如本项目中使用的 8 位数码管，而不需要按照图 3-19 进行连接。

二、数码管动态显示原理

由图 3-19 可以看出，所有的数码管相同的字段都连接在了一起，当单片机 I/O 口输出字段码时，所有的数码管都会显示相同的内容。因此，要显示不同的内容只能让数码管轮流点亮。图中单片机的 Px 口实现字段控制，输出字段码，决定显示的内容；Py 口实现显示位控制，输出位码，决定哪位数码管点亮。

例：要求图中的数码管显示“12345678”。

首先，Px 口输出“1”的字段码“3FH”，Py 口输出位码“0FEH”（位“1”连接 I/O 口低位，位“8”连接 I/O 口高位）选择第一个数码管点亮；调用 1～2ms 的延时程序，这时只有第一个数码管显示“1”，其他的数码管熄灭。然后 Px 口输出“2”的字段码“06H”，Py 口输出位码“0FDH”选择第二个数码管点亮；调用 1～2ms 的延时程序，这时只有第二个数码管显示“2”，其他的数码管熄灭。以此类推，各位数码管分别、分时显示了“12345678”，并且反复循环，在数码管上就能够看到“12345678”。

动态显示时每个数码管虽然每隔一段时间点亮一次，但是由于人眼的视觉停留(事物虽然已经消失，但是事物的影像会有 0.1s 左右的暂留)，通过合理地设置数码管的刷新频率和显示时间，就可以达到连续显示的效果。

三、循环移位指令

在 MCS-51 系列单片机指令系统中，循环移位指令一共有 4 条，如表 3-40 所示，分为左移和右移两类。助记符为 RR、RRC、RL、RLC。

表 3-40 循环移位指令

指令	指令功能说明	字节数	周期数
RL A	← $A_7A_6A_5A_4A_3A_2A_1A_0$ ← ；循环左移	1	1
RR A	→ $A_7A_6A_5A_4A_3A_2A_1A_0$ → ；循环右移	1	1
RLC A	← Cy ← $A_7A_6A_5A_4A_3A_2A_1A_0$ ← ；带 Cy 循环左移	1	1
RRC A	→ Cy → $A_7A_6A_5A_4A_3A_2A_1A_0$ → ；带 Cy 循环右移	1	1

循环移位的数据必须放在累加器 A 中进行移位。

指令 RL A：实现累加器 A 内 8 位二进制数从低到高移动一位，移动后 $A=A_6A_5A_4A_3A_2A_1A_0A_7$。

指令 RR A：实现累加器 A 内 8 位二进制数从高到低移动一位，移动后 $A=A_0A_7A_6A_5A_4$

$A_3A_2A_1$。

指令 RLC A：实现累加器 A 内 8 位二进制数和 Cy 共 9 位二进制数从低到高移动一位（Cy 在最高位），A_7 进入 Cy，Cy 进入 A_0，移动后成为 $Cy=A_7$，$A=A_6A_5A_4A_3A_2A_1A_0Cy$。

指令 RRC A：实现累加器 A 内 8 位二进制数和 Cy 共 9 位二进制数从高到低移动一位（Cy 在最高位），A_0 进入 Cy，Cy 进入 A_7，移动后成为 $Cy=A_0$，$A=CyA_7A_6A_5A_4A_3A_2A_1$。

四、C 语言<intrins.h>头文件

在 C51 单片机编程中，使用<intrins.h>头文件包含的函数，能够使编程更加便捷。<intrins.h>包括以下函数：

crol：字符循环左移；

cror：字符循环右移；

irol：整数循环左移；

iror：整数循环右移；

lrol：长整数循环左移；

lror：长整数循环右移；

nop：空操作 8051 NOP 指令；

testbit：测试并清零位；

chkfloat：测试并返回源点数状态。

前六个函数的功能都是循环移位，不同的函数针对不同的数据类型使用。其中_crol_和_cror_使用较多，这两个函数的功能是将 unsigned char 型变量循环向左和右移动指定位数后返回，与汇编的 RR,RL 指令功能类似。

例：a=01111111，执行 a=_crol_（a，1）后 a 的内容向左循环移动一位，即 a=11111110。

_testbit_函数相当于汇编的 JBC 指令。

_nop_相当于实现汇编的 NOP 指令。

五、显示数据的处理方法

用数码管显示字符时，必须查到字符对应的字段码并由 I/O 口输出，因此，需要将显示信息拆分成单独的字符用于查找数码管的字段码。

1. 汇编语言

（1）压缩 BCD 码。汇编语言中经常将显示数据以压缩 BCD 码（一个字节存放两个 BCD 码）的形式存放在内部 RAM 中，显示时需要将压缩 BCD 码拆分为两个单独的 BCD 码后用于查表显示。

【例 3-24】将 R0 中的压缩 BCD 码 36H 拆分，十位存在内部 RAM（30H）中，个位存在内部 RAM（31H）中。

```
MOV A,R0          ;将压缩 BCD 码放入累加器 A 中，A=36H
ANL A,#0F0H       ;保留高 4 位的十位 BCD 码,A=30H
SWAP A            ;累加器 A 高低半字节互换,A=03H
MOV 30H,A         ;十位存放在内部 RAM(30H)中,(30H)=03H
MOV A,R0          ;将压缩 BCD 码放入累加器 A 中,A=36H
ANL A,#0FH        ;保留低 4 位的个位 BCD 码,A=06H
MOV 31H,A         ;个位存放在内部 RAM(31H)中,(31H)=06H
```

（2）二进制数。R0 中的值为 136，将其拆分，百位存在内部 RAM（30H）中，十位存在内部 RAM（31H）中，个位存在内部 RAM（32H）中。

例：

```
MOV  A,R0
MOV  B,#100
DIV  AB
MOV  30H,A
MOV  A,B
MOV  B,#10
DIV  AB
MOV  31H,A
MOV  32H,B
```

提 示

通过除法运算指令将 136 拆开，136/100 商等于 1 在累加器 A 中，余数为 36 在 B 中，再将 36/10 商为 3 在 A 中，余数为 6 在 B 中。注意处理的数据最大为 255。

2. C 语言

假设无符号整型变量 nian=2013，将变量 nian 拆分为 2、0、1、3 分别放在变量 qian、bai、shi、ge 中。

```
qian=nian/1000;
bai=nian%1000/100;
shi=nian%1000%100/10;
ge=nian%1000%100%10。
```

提 示

C 语言中，“/” 符号指除法运算，求商；“%” 符号指求余运算。

六、项目拓展练习

1．硬件如图 3-17 所示，编程实现数码管显示当前日期。

2．硬件如图 3-17 所示，编程实现“0～9”从右向左的滚动显示。

任务七　LED 点阵屏显示电路设计应用

项目七　8×8 点阵屏显示图形、字符

项目描述 LED 点阵屏通过 LED（发光二极管）组成，以灯珠亮灭来显示文字、图片、动画、视频等。LED 点阵显示屏制作简单，安装方便，被广泛应用于各种公共场合，如汽车报站器、广告屏以及公告牌等。本项目我们将利用 8×8 点阵屏显示简单图形、字符。

项目目的　掌握 8×8 点阵屏显示信息的程序设计及相关指令、语句。

1. 设计要求

在 8×8 点阵屏上显示字母、数字，通过按键切换显示内容。

2. 硬件设计

LED 点阵仿真原理如图 3-20 所示。

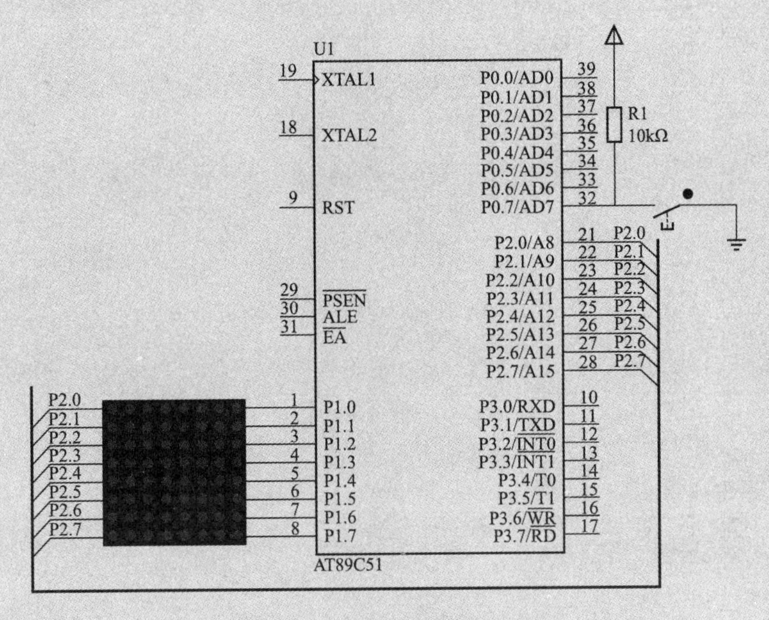

图 3-20　LED 点阵仿真原理图

3. 软件设计

汇编程序：

```
ORG   0000H
START: JB  P0.7,START
       JNB P0.7,$
       INC R2
       CJNE R2,#11,DIS_A
       MOV  R2,#1
DIS_A: CJNE R2,#1,DIS_B
       MOV DPTR,#TAB_A
DIS_B: CJNE R2,#2,DIS_C
       MOV DPTR,#TAB_B
DIS_C: CJNE R2,#3,DIS_D
       MOV DPTR,#TAB_C
DIS_D: CJNE R2,#4,DIS_E
       MOV DPTR,#TAB_D
DIS_E: CJNE R2,#5,DIS_F
       MOV DPTR,#TAB_E
DIS_F: CJNE R2,#6,DIS_G
       MOV DPTR,#TAB_F
DIS_G: CJNE R2,#7,DIS_1
```

```
        MOV DPTR,#TAB_G
DIS_1:  CJNE R2,#8,DIS_2
        MOV DPTR,#TAB_1
DIS_2:  CJNE R2,#9,DIS_3
        MOV DPTR,#TAB_2
DIS_3:  CJNE R2,#10,NEXT
        MOV DPTR,#TAB_3
NEXT:   MOV  R1,#01H
        MOV  R0,#00H
        ACALL DISPLAY
        JNB  P0.7,START
        SJMP NEXT
;-----------------------显示子程序----------------------------
DISPLAY:MOV A,R0
        MOVC A,@A+DPTR
        MOV P2,A
        MOV P1,R1
        ACALL DELAY1MS
        MOV P2,#0FFH
        INC R0
        MOV A,R1
        RL  A
        MOV R1,A
        XRL A,#01H
        JNZ DISPLAY
        RET
;-----------------------1ms 延时子程序----------------------------
DELAY1MS:MOV R5,#2
DELAY:   MOV R6,#250
         DJNZ R6,$
         DJNZ R5,DELAY
         RET

TAB_A:DB 0E7H,0DBH,0DBH,0C3H,0DBH,0DBH,0DBH,0FFH  ;'A'
TAB_B:DB 0E3H,0DBH,0DBH,0E3H,0DBH,0DBH,0E3H,0FFH  ;'B'
TAB_C:DB 0E7H,0DBH,0FBH,0FBH,0FBH,0DBH,0E7H,0FFH  ;'C'
TAB_D:DB 0E3H,0DBH,0DBH,0DBH,0DBH,0DBH,0E3H,0FFH  ;'D'
TAB_E:DB 0C3H,0FBH,0FBH,0E3H,0FBH,0FBH,0C3H,0FFH  ;'E'
TAB_F:DB 0C3H,0FBH,0FBH,0E3H,0FBH,0FBH,0FBH,0FFH  ;'F'
TAB_G:DB 0E7H,0DBH,0FBH,0CBH,0DBH,0DBH,0E7H,0FFH  ;'G'
TAB_1:DB 0EFH,0E7H,0EFH,0EFH,0EFH,0EFH,0C7H,0FFH  ;'1'
TAB_2:DB 0E7H,0DBH,0DFH,0EFH,0F7H,0FBH,0C3H,0FFH  ;'2'
TAB_3:DB 0E7H,0DBH,0DFH,0E7H,0DFH,0DBH,0E7H,0FFH  ;'3'
END
```

C 程序：

```
#include<reg51.h>
#include<intrins.h>
#define uint unsigned int
#define uchar unsigned char
```

```
sbit key=P0^7;                  //定义 key 为 P2.0
uchar code tab_a[]={0xe7,0xdb,0xdb,0xc3,0xdb,0xdb,0xdb,0xff}; //'A'
uchar code tab_b[]={0xe3,0xdb,0xdb,0xe3,0xdb,0xdb,0xe3,0xff}; //'B'
uchar code tab_c[]={0xe7,0xdb,0xfb,0xfb,0xfb,0xdb,0xe7,0xff}; //'C'
uchar code tab_d[]={0xe3,0xdb,0xdb,0xdb,0xdb,0xdb,0xe3,0xff}; //'D'
uchar code tab_e[]={0xc3,0xfb,0xfb,0xe3,0xfb,0xfb,0xc3,0xff}; //'E'
uchar code tab_f[]={0xc3,0xfb,0xfb,0xe3,0xfb,0xfb,0xfb,0xff}; //'F'
uchar code tab_g[]={0xe7,0xdb,0xfb,0xcb,0xdb,0xdb,0xe7,0xff}; //'G'
uchar code tab_1[]={0xef,0xe7,0xef,0xef,0xef,0xef,0xc7,0xff}; //'1'
uchar code tab_2[]={0xe7,0xdb,0xdf,0xef,0xf7,0xfb,0xc3,0xff}; //'2'
uchar code tab_3[]={0xe7,0xdb,0xdf,0xe7,0xdf,0xdb,0xe7,0xff}; //'3'
uchar *p;
/*----------------------------------
        函数声明
----------------------------------*/
void display();
void delay(uint);
/*----------------------------------
         主函数
----------------------------------*/
main()
{
uchar a;
while(1)
        {
        if(key==0)
          {
          while(key==0); a++;
          }
        if(a==0) continue;          //如果没有按键按下,跳出本次循环,继续检测按键
        switch(a)                   //根据按键按下次数选择显示内容
          {
          case 1:p=tab_a;break;
          case 2:p=tab_b;break;
          case 3:p=tab_c;break;
          case 4:p=tab_d;break;
          case 5:p=tab_e;break;
          case 6:p=tab_f;break;
          case 7:p=tab_g;break;
          case 8:p=tab_1;break;
          case 9:p=tab_2;break;
          case 10:p=tab_3;break;
          case 11:{a=1,p=tab_a;}break;
          }
        display();                  //调用显示子函数
        }

}
/*----------------------------------
       显示子函数
----------------------------------*/
```

```
void display()
{
uchar i;
P1=0x01;
for(i=0;i<=7;i++)
          {
          P2=*p;
          p++;
          delay(1);
          P2=0xff;                  //消影
          P1=_crol_(P1,1);          //P1中的数值左移一位
          }
}
/*-----------------------------------
      延时子函数
-----------------------------------*/
void delay(uint x)
{
uint a,b;
for(a=x;a>0;a--)
          for(b=110;b>0;b--);
}
```

4. 仿真结果

LED 仿真结果如图 3-21 所示。

一、LED 点阵屏

LED 点阵屏在生活中随处可见，它具有亮度高、寿命长、工作稳定、制作简单、安装方便等特点，广泛应用于各种公共场合。LED 点阵屏有很多分类和规格，本项目中采用的是 8×8 点阵屏，如图 3-22 所示，8×8 点阵屏能够显示简单的图形、字符。

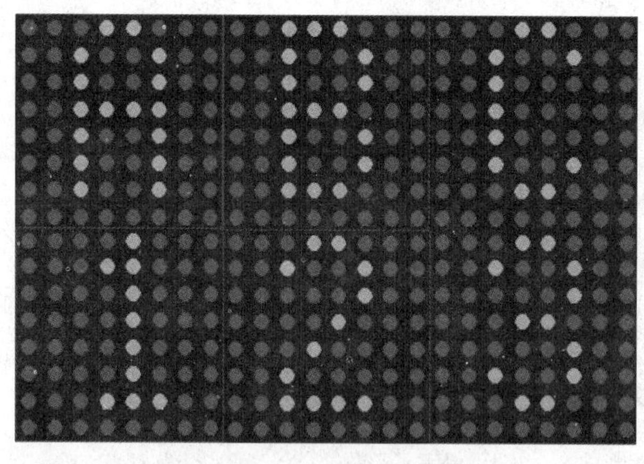

图 3-21　LED 仿真结果

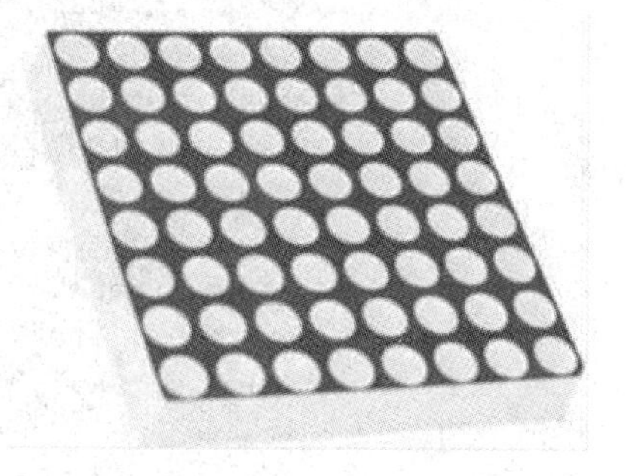

图 3-22　8×8 点阵屏外观

8×8LED 点阵屏内部由 64 个发光二极管构成，如图 3-23 所示，每一行 LED 的正极相连，构成了 8 行 Y0～Y7，每一列 LED 的负极相连构成 8 列 X0～X7。LED 点阵屏应用在单片机项目中通常由两个并行 I/O 口分别连接行线 Y 和列线 X，通过对行线 Y 与列线 X 控制，实现相应的 LED 点亮与熄灭来显示图形、字符。

二、LED 点阵屏显示图形编码

下面介绍 LED 点阵屏显示图形的编码，本项目中通过 P1 口和 P2 口控制 LED 点阵屏，P1 口连接 Y0～Y7 进行行选择，P2 口连接 X0～X7 进行列选择。LED 点阵屏的编码与屏幕扫描方式有关，不同的扫描方式显示编码不同。本项目中采用行扫描方式，P1 口决定哪一行点亮，P2 口决定显示内容，编码如图 3-24 所示。

×0
×1
×2
×3
×4
×5
×6
×7
Y0
Y1
Y2
Y3
Y4
Y5
Y6
Y7

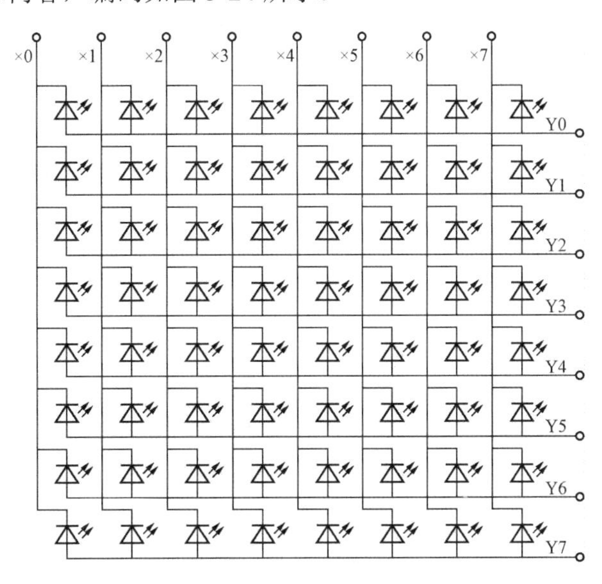

图 3-23　LED 点阵屏内部结构

三、LED 点阵屏图形显示过程

P2.0 1 2 3 4 5 6 7
P1.0 E7H
P1.1 DBH
P1.2 DBH
P1.3 C3H
P1.4 DBH
P1.5 DBH
P1.6 DBH
P1.7 FFH

图 3-24　LED 点阵屏编码

LED 点阵屏显示图形的过程与数码管动态显示过程相似，图形并不是同时出现在屏幕上，而是先由 P1 口选择允许第一行点亮，其他的熄灭，之后由 P2 口输出第一行的显示编码，并且延时 1～2ms，这时显示器显示如图 3-25（a）所示，延时结束后 P1 口选择允许第二行点亮，其他的熄灭，之后由 P2 口输出第二行的显示编码，再次延时 1～2ms，这时显示器显示如图 3-25（b）所示……当 8 行都显示之后由于人眼的视觉停留，于是就会在屏幕上看到图形，反复循环上述过程，LED 点阵屏就能显示出稳定的图形。

(a)
(b)
(c)
(d)
(e)
(f)
(g)
(h)

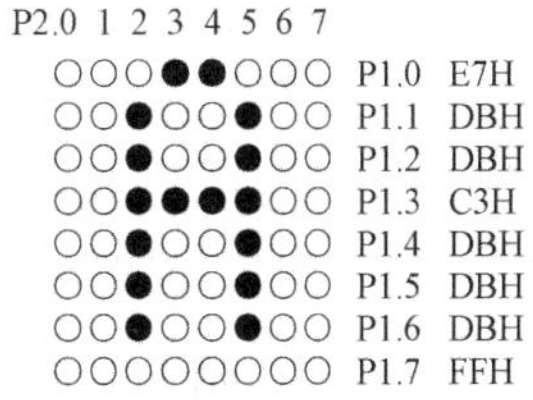

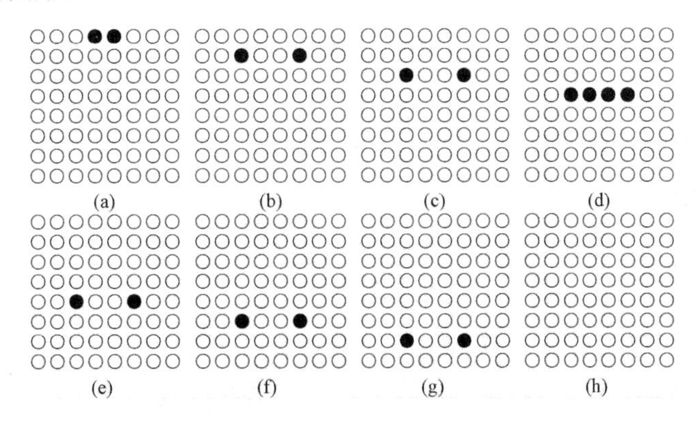

图 3-25　LED 点阵屏图形显示过程

例：在 LED 点阵屏上显示“A”。

汇编程序：

```
ORG   0000H
START:MOV R1,#01H
      MOV R0,#00H
      MOV DPTR,#TAB
DISPLAY:MOV A,R0
        MOVC A,@A+DPTR
        MOV P2,A
        MOV P1,R1
        ACALL DELAY1MS
        MOV P2,#0FFH
        INC R0
        MOV A,R1
        RL  A
        MOV R1,A
        CJNE A,#01H,DISPLAY
        MOV R0,#00H
        AJMP DISPLAY
DELAY1MS:MOV R5,#2
DELAY:   MOV R6,#250
         DJNZ R6,$
         DJNZ R5,DELAY
         RET
TAB:DB 0E7H,0DBH,0DBH,0C3H,0DBH,0DBH,0DBH,0FFH  ;'A'
END
```

C 程序：

```
#include<reg51.h>
#include<intrins.h>
#define uint unsigned int
#define uchar unsigned char
uchar code tab[]={0xe7,0xdb,0xdb,0xc3,0xdb,0xdb,0xdb,0xff}; //'A'
void display();
void delay(uint);
main()
{
while(1)
  {
  display();
  }
}
void display()
{
uchar i;
P1=0x01;
for(i=0;i<=7;i++)
  {
  P2=tab[i];
  delay(1);
```

```
    P2=0xff;
    P1=_crol_(P1,1);
    }
}
void delay(uint x)
{
uint a,b;
for(a=x;a>0;a--)
  for(b=110;b>0;b--);
}
```

仿真结果，如图 3-26 所示。

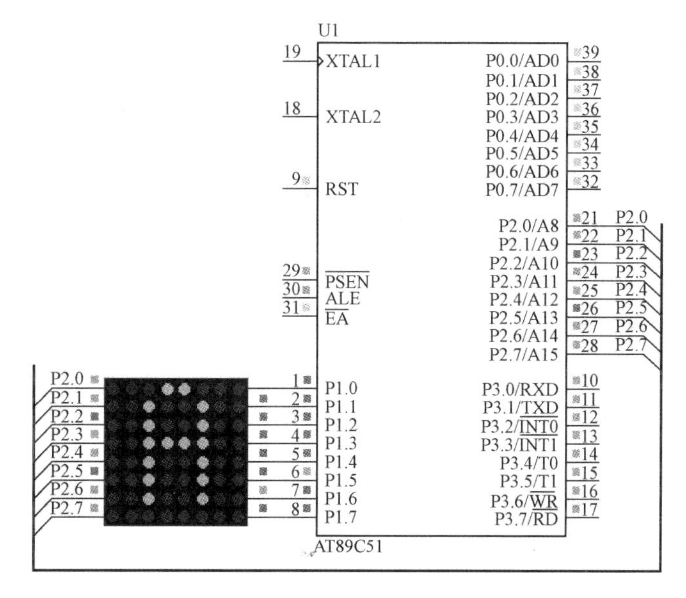

图 3-26　LED 点阵屏仿真原理图

四、判断 A 控制转移指令

判断 A 控制转移指令如表 3-41 所示。

表 3-41　　判断 A 控制转移指令

指令	指令功能说明	字节数	周期数
JZ　rel	PC←PC+2，若 A=0，则 PC←PC+rel；若 A≠0，则顺序执行	2	2
JNZ　rel	PC←PC+2，若 A=0，则 PC←PC+rel；若 A≠0，则顺序执行	2	2

以上两条指令都是以累加器 A 的内容是否为 0 作为转移条件的条件转移指令，但这两条指令的转移判断条件正好相反。指令 JZ 若 A=0 时，则程序实现相对转移，否则程序顺序执行；指令 JNZ 若 A≠0，则程序实现相对转移，否则程序顺序执行。

例：实现只有当累加器 A 中的值为 01H 时，程序才转向显示子程序可以通过以下指令实现。

```
XRL A,#01H
JZ DISPLAY
```

XRL 指令判断 A 是否为 01H，如果 A 的值为 01H，则经过异或后 A=0，反之 A≠0。

JZ 指令实现控制转移，当 A=0 时转向显示子程序，否则顺序执行。

实现以上要求也可使用 CJNE 指令完成。

五、位操作类指令

MCS-51 系列单片机的硬件结构中有一个位处理器称为布尔处理器，能够实现位操作。位操作类指令的操作对象是能够进行位寻址区域中的一位，可进行位寻址区域为片内 RAM 位寻址区 20H～2FH 的 128 位和 SFR 中地址末位为 0 或者 8 的 11 个特殊功能寄存器。位操作类指令包括位传送指令、位逻辑运算指令、位控制转移指令、置 1 和清零。位操作指令共有 17 条，使用的助记符有 MOV、ANL、ORL、JC、JNC、JB、JNB、JBC、CLR、CPL、SETB 共 11 种。

1. 位传送指令

位传送指令如表 3-42 所示。

表 3-42　　位传送指令

指令	指令功能说明	字节数	周期数
MOV C，bit	C←（bit）	2	1
MOV bit，C	（bit）←C	2	1

位传送指令只有两条，实现位累加器 C（即 PSW 中的 Cy）与具有位寻址功能的位地址 bit 之间的数据传送。

【**例 3-25**】将 Acc.7 中的内容送入 P2.0 中。

```
MOV  C, Acc.7
MOV P2.0,  C
```

例：将片内 RAM（30H）单元中的内容按从高位到低位的顺序依次从 P0.1 口输出。

```
START:MOV   A，30H       ;A=(30H)
      MOV   R0，#8       ;设置循环次数为 8
LOOP: RLC   A            ;通过带 Cy 的循环左移指令将 A 中最高位 Acc.7 移入 Cy
      MOV   P0.1，C      ;将 Cy 中内容输出从 P0.1 输出
      NOP                ;等待 P0.1 端口内容被取走
      DJNZ  R0,LOOP      ;准备输出下一位
```

提示

位传送指令必须经过位累加器 C，两个位地址之间不能直接传送。

NOP 为空操作指令，这条指令仅实现 PC←PC+1 操作，无其他功能。该指令为单字节、单周期指令，常用于等待和延迟。

2. 位逻辑运算指令

位逻辑运算指令如表 3-43 所示。

表 3-43　　位 逻 辑 运 算 指 令

指令	指令功能说明	字节数	周期数
ANL C，bit	Cy←Cy∧（bit）	2	2
ANL C，/bit	Cy←Cy∧（$\overline{\text{bit}}$）	2	2
ORL C，bit	Cy←Cy∨（bit）	2	2
ORL C，/bit	Cy←Cy∨（$\overline{\text{bit}}$）	2	2
CPL C	Cy←$\overline{\text{Cy}}$	1	1
CPL bit	（bit）←（$\overline{\text{bit}}$）	2	1

ANL C，bit 和 ANL C，/bit 是位逻辑“与”运算指令。

ANL C，bit 指令的功能是将 Cy 的内容和直接位地址单元的内容进行逻辑“与”运算，结果送入 Cy。

ANL C，/bit 指令的功能是将 Cy 的内容和直接位地址单元的内容取反后进行逻辑“与”运算，结果送入 Cy。

ORL C，bit 和 ORL C，/bit 是位逻辑“或”运算指令。

ORL C，bit 指令的功能是将 Cy 的内容和直接位地址单元的内容进行逻辑“或”运算，结果送入 Cy。

ORL C，/bit 指令的功能是将 Cy 的内容和直接位地址单元的内容取反后进行逻辑“或”运算，结果送入 Cy。

CPL C 和 CPL bit 是取反指令，将 Cy 或 bit 单元中的内容取反后放入原单元。

3. 位控制转移类指令

位控制转移类指令如表 3-44 所示。

表 3-44　　位 控 制 转 移 类 指 令

指令	指令功能说明	字节数	周期数
JC rel	PC←PC+2　若 Cy=0，则顺序执行； 若 Cy=1，则 PC←PC+rel	2	2
JNC rel	PC←PC+2　若 Cy=0，则 PC←PC+rel； 若 Cy=1，则顺序执行	2	2
JB bit，rel	PC←PC+3　若（bit）=0，则顺序执行； 若（bit）=1，PC←PC+rel	3	2
JNB bit，rel	PC←PC+3　若（bit）=0，PC←PC+rel； 若（bit）=1，则顺序执行	3	2
JBC bit，rel	PC←PC+3　若（bit）=0，则顺序执行； 若（bit）=1，PC←PC+rel，（bit）←0	3	2

以上 5 条位控制转移类指令也属于条件转移指令，前两条是以 Cy 的值是 0 或 1 为转移条件的，后三条是以 bit 中的值是 0 或 1 为转移条件的。JBC 与 JB 转移条件相同，但 JBC 指令在转移后会将 bit 单元中的值清零。

4. 置 1 和清零指令

置 1 和清零指令如表 3-45 所示。

表 3-45 置 1 和清零指令

指令	指令功能说明	字节数	周期数
CLR C	Cy←0；Cy 清零	1	1
CLR bit	（bit）←0；（bit）清零	2	1
SETB C	Cy←1；Cy 置 1	1	1
SETB bit	（bit）←1；（bit）置 1	2	1

六、C 语言 switch 语句

与二分支选择控制语句 if 不同，switch 语句是多分支选择语句。

switch 语句的格式：

```
switch(表达式)
        {case  常量表达式 1：语句 1  break;
         case  常量表达式 2：语句 2  break;
…
         case  常量表达式 n：语句 n  break;
         default            ：语句 n+1
        }
```

语句中常量表达式的值必须互不相同，常量表达式仅作为语句标号供选择使用，switch 语句会根据表达式的值选择一个与之相同的常量表达式的 case 进入，case 后可包含多个可执行语句，而不必加“{ }”，跳出时必须用 break 语句。

【例 3-26】 如图 3-27 所示，编程实现按键每按下一次，流水灯移动一位。

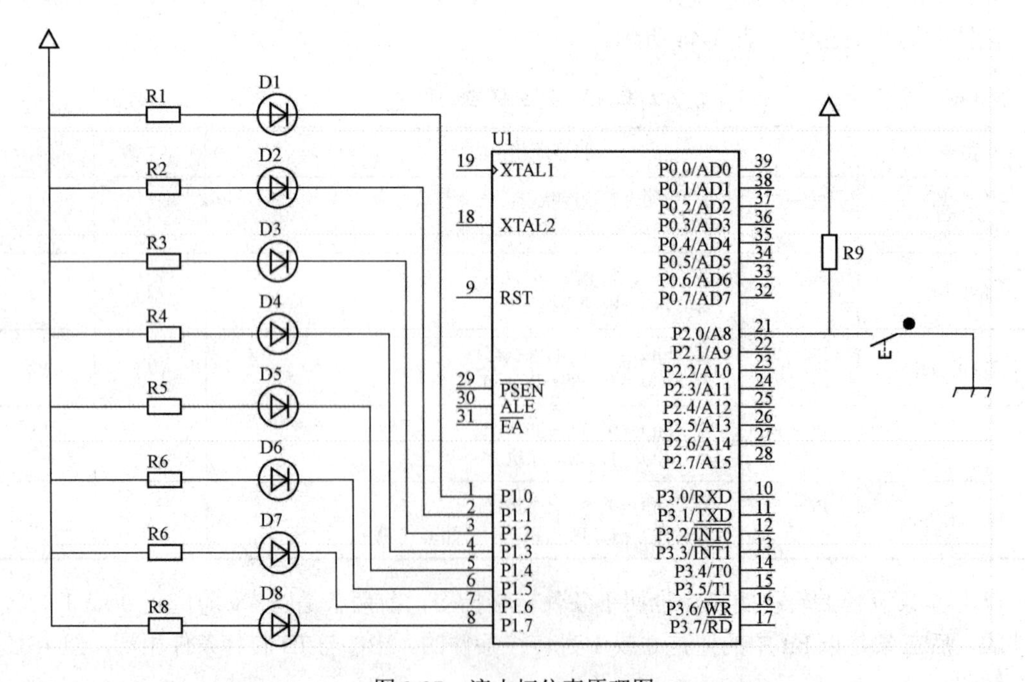

图 3-27 流水灯仿真原理图

```
#include<reg51.h>
#define uchar unsigned char
sbit key=P2^0;
main()
{
uchar a;
while(1)
     {
     if(key==0)
         {
         while(key==0); a++;
         }
    if(a==0) continue;        //如果按下次数为 0 跳出本次循环，继续判断按键
    switch(a)                 //根据 a 的值(1～9),每次选择一个分支进入
         {
         case 1:P1=0xfe;break;
         case 2:P1=0xfd;break;
         case 3:P1=0xfb;break;
         case 4:P1=0xf7;break;
         case 5:P1=0xef;break;
         case 6:P1=0xdf;break;
         case 7:P1=0xbf;break;
         case 8:P1=0x7f;break;
         default:a=0;P1=0xff;     //a=9 时一轮结束,a 清零,流水灯全灭
         }
     }
}
```

七、项目拓展练习

硬件如图 3-20 所示，编程实现点阵屏通过按键切换显示“△、◇、▼、◆、←、↑、→、↓”。

第四篇

系 统 应 用

- 了解键盘的分类、工作原理。
- 了解步进电动机的工作原理。
- 掌握独立式和矩阵式键盘的软、硬件设计。
- 掌握 MCS-51 单片机中断系统的应用。
- 掌握 MCS-51 单片机定时/计数器的应用。
- 理解串行通信和 MCS-51 单片机串行口的相关知识。

任务八 键盘设计应用

项目八 独立式键盘设计应用——独立式键盘控制步进电动机设计

项目描述 键盘是单片机系统中重要的输入设备，数据输入、工作状态控制等都必须使用键盘。键盘是实现人机对话的纽带。本项目我们采用独立式键盘实现对步进电机动的控制。

项目目的 掌握独立式键盘的软、硬件设计，理解单片机控制步进电动机工作的原理。

1. 设计要求

通过键盘实现步进电动机 4 拍正转、4 拍反转、8 拍正转、8 拍反转以及停止的控制。

2. 硬件设计

独立式键盘控制步进电动机仿真原理图如图 4-1 所示。

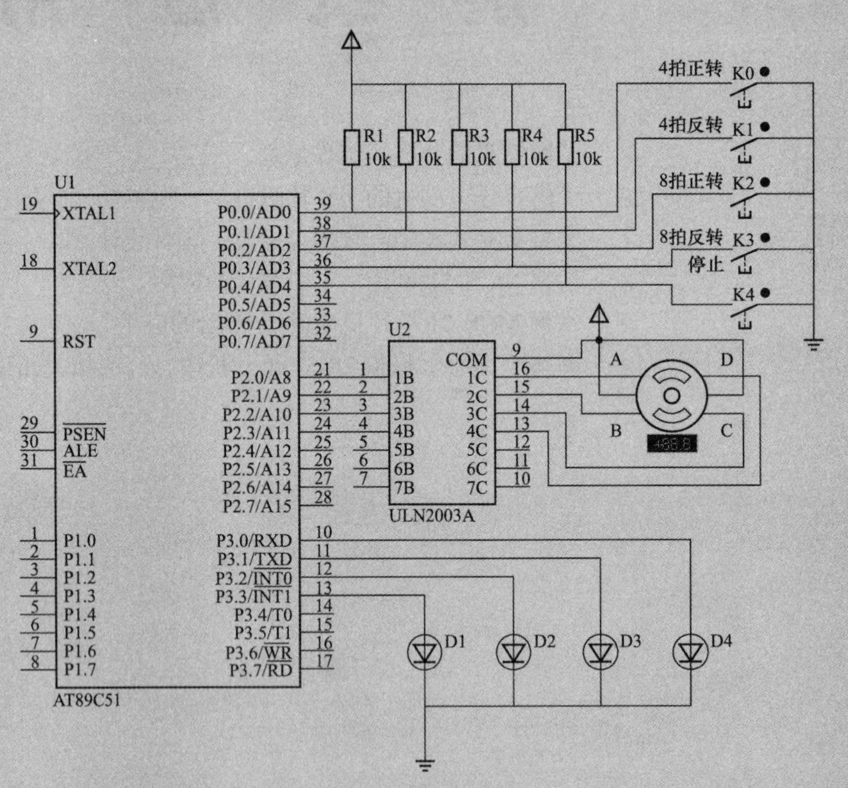

图 4-1 独立式键盘控制步进电动机仿真原理图

3. 软件设计

汇编程序：

```
;------------------定义位 ----------------------
K0 BIT P0.0
K1 BIT P0.1
```

```
K2 BIT P0.2
K3 BIT P0.3
K4 BIT P0.4
KNUM   EQU 30H
;------------------主程序----------------------
ORG        0000H
MAIN:  ACALL KEY              ;调用键盘扫描子程序
       MOV A,KNUM
       CJNE A,#1,NEXT         ;如第一个按键按下则调用 4 拍正转子程序
       ACALL CW4
       AJMP MAIN              ;再次扫描键盘
NEXT:  CJNE A,#2,NEXT1        ;如第二个按键按下则调用 4 拍反转子程序
       ACALL CCW4
       AJMP MAIN              ;再次扫描键盘
NEXT1: CJNE A,#3,NEXT2        ;如第三个按键按下则调用 8 拍正转子程序
       ACALL CW8
       AJMP MAIN              ;再次扫描键盘
NEXT2: CJNE A,#4,NEXT3        ;如第四个按键按下则调用 8 拍反转子程序
       ACALL CCW8
       AJMP MAIN              ;再次扫描键盘
NEXT3: MOV  P2,#00H           ;如第五个按键按下则停止转动
       AJMP MAIN              ;再次扫描键盘
;------------------ 4 拍正转子程序----------------------
CW4:   MOV DPTR,#TAB_CW4
       MOV R0,#04
LOP1:  MOV R1,#20
       CLR A
       MOVC A,@A+DPTR
       MOV  P2,A
       MOV  P3,A
LOP2:  ACALL DELAY15
       ACALL KEY
       MOV A,KNUM
       CJNE A,#01,OVCW4
       DJNZ R1, LOP2
       INC DPTR
       DJNZ R0,LOP1
OVCW4: RET
;------------------ 4 拍反转子程序----------------------
CCW4:  MOV DPTR,#TAB_CCW4
       MOV R0,#04
LOP5:  MOV R1,#20
       CLR A
       MOVC A,@A+DPTR
       MOV  P2,A
       MOV  P3,A
LOP6:  ACALL DELAY15
       ACALL KEY
       MOV A,KNUM
       CJNE A,#02,OVCCW4
       DJNZ R1, LOP6
```

```
        INC DPTR
        DJNZ R0,LOP5
OVCCW4:    RET
;------------------ 8拍正转子程序----------------------
CW8:    MOV DPTR,#TAB_CW8
        MOV R0,#08
LOP3:   MOV R1,#20
        CLR A
        MOVC A,@A+DPTR
        MOV  P2,A
        MOV  P3,A
LOP4:   ACALL DELAY15
        ACALL KEY
        MOV A,KNUM
        CJNE A,#03,OVCW8
        DJNZ R1, LOP4
        INC DPTR
        DJNZ R0,LOP3
OVCW8: RET
;------------------ 8拍反转子程序----------------------
CCW8:   MOV DPTR,#TAB_CCW8
        MOV R0,#08
LOP7:   MOV R1,#20
        CLR A
        MOVC A,@A+DPTR
        MOV  P2,A
        MOV  P3,A
LOP8:   ACALL DELAY15
        ACALL KEY
        MOV A,KNUM
        CJNE A,#04,OVCCW8
        DJNZ R1, LOP8
        INC DPTR
        DJNZ R0,LOP7
OVCCW8:    RET
;------------------ 键盘扫描子程序----------------------
KEY:    MOV A,P0                ;读取按键状态
        ANL A,#1FH              ;屏蔽高3位
        CJNE A,#1FH,KEY0        ;判断是否有按键按下
        AJMP OVER
KEY0:   JB  K0,KEY1             ;判断按键K0是否按下
        ACALL DELAY15           ;调用15ms延时程序
        JB  K0,OVER             ;再次判断按键是否按下
        MOV KNUM,#1             ;如按键按下则装入按键对应代码
        JNB  K0,$               ;等待按键释放
        RET                     ;调用返回
KEY1:   JB  K1,KEY2             ;判断按键K1是否按下
        ACALL DELAY15           ;调用15ms延时程序
        JB  K1,OVER             ;再次判断按键是否按下
        MOV KNUM,#2             ;如按键按下则装入按键对应代码
        JNB  K1,$               ;等待按键释放
```

```
        RET                  ;调用返回
KEY2:   JB  K2,KEY3          ;判断按键 K2 是否按下
        ACALL DELAY15        ;调用 15ms 延时程序
        JB  K2,OVER          ;再次判断按键是否按下
        MOV KNUM,#3          ;如按键按下则装入按键对应代码
        JNB  K2,$            ;等待按键释放
        RET                  ;调用返回
KEY3:   JB  K3,KEY4          ;判断按键 K3 是否按下
        ACALL DELAY15        ;调用 15ms 延时程序
        JB  K3,OVER          ;再次判断按键是否按下
        MOV KNUM,#4          ;如按键按下则装入按键对应代码
        JNB  K3,$            ;等待按键释放
        RET                  ;调用返回
KEY4:   JB  K4,OVER          ;判断按键 K4 是否按下
        ACALL DELAY15        ;调用 15ms 延时程序
        JB  K4,OVER          ;再次判断按键是否按下
        MOV KNUM,#5          ;如按键按下则装入按键对应代码
        JNB  K4,$            ;等待按键释放
OVER:   RET                  ;调用返回
;------------------ 15ms 延时子程序----------------------
DELAY15:MOV R7,#30
D15:    MOV R6,#240
        DJNZ R6,$
        DJNZ R7,D15
        RET
;------------------ 步进电动机控制编码----------------------
TAB_CW4:   DB 0F8H,0F4H,0F2H,0F1H
TAB_CCW4:  DB 0F1H,0F2H,0F4H,0F8H
TAB_CW8:   DB 0F9H,0F8H,0FCH,0F4H,0F6H,0F2H,0F3H,0F1H
TAB_CCW8:  DB 0F1H,0F3H,0F2H,0F6H,0F4H,0FCH,0F8H,0F9H
END
```

C 程序：

```
#include<reg51.h>
#define uint unsigned int
#define uchar unsigned char
/*-----------------------------------
         定义位
-----------------------------------*/
sbit k0=P0^0;
sbit k1=P0^1;
sbit k2=P0^2;
sbit k3=P0^3;
sbit k4=P0^4;
/*------------------------------------------------------------
         定义步进电动机控制编码
------------------------------------------------------------*/
uchar code  t_cw4[]={0xf8,0xf4,0xf2,0xf1};
uchar code t_ccw4[]={0xf1,0xf2,0xf4,0xf8};
uchar code  t_cw8[]={0xf9,0xf8,0xfc,0xf4,0xf6,0xf2,0xf3,0xf1};
uchar code t_ccw8[]={0xf1,0xf3,0xf2,0xf6,0xf4,0xfc,0xf8,0xf9};
```

```
uchar num;
/*-----------------------------------
            函数声明
-----------------------------------*/
void cw4();
void cw8();
void ccw4();
void ccw8();
void key();
void delay(uint);
/*-----------------------------------
            主函数
-----------------------------------*/
main()
{
while(1)
           {
           key();                        //调用键盘扫描函数
           switch(num)                   //用 switch 语句判断哪个按键按下,并
            {                              调用对应的步进电动机控制程序
             case 1:cw4();   break;
             case 2:ccw4();  break;
             case 3:cw8();   break;
             case 4:ccw8();  break;
             default:P2=0x00;
            }
           }
}
/*-----------------------------------
            键盘扫描子函数
-----------------------------------*/
void key()
{
if(k0==0)
           {
           delay(15);
           if(k0==0)
             {
             num=1;
             while(k0==0);
             }
           }
else if(k1==0)
            {
            delay(15);
            if(k1==0)
               {
               num=2;
               while(k1==0);
               }
            }
```

```
else if(k2==0)
          {
          delay(15);
          if(k2==0)
              {
              num=3;
              while(k2==0);
              }
          }
else if(k3==0)
          {
          delay(15);
          if(k3==0)
              {
              num=4;
              while(k3==0);
              }
          }
else if(k4==0)
          {
          delay(15);
          if(k4==0)
              {
              num=5;
              while(k4==0);
              }
          }
}
/*---------------------------------
          4 拍正转子函数
---------------------------------*/
void cw4()
{
uchar i,j;
for(i=0;i<4;i++)
          {
          P2=t_cw4[i];
          P3=t_cw4[i];
          for(j=0;j<20;j++)
             {
             delay(15);
             key();
             if(num!=1) break;
             }
          if(num!=1) break;
          }
}
/*---------------------------------
          4 拍反转子函数
---------------------------------*/
void ccw4()
```

```
{
uchar i,j;
for(i=0;i<4;i++)
          {
          P2=t_ccw4[i];
          P3=t_ccw4[i];
          for(j=0;j<20;j++)
             {
             delay(15);
             key();
             if(num!=2) break;
             }
          if(num!=2) break;
          }
}
/*-----------------------------------
             8 拍正转子函数
-----------------------------------*/
void cw8()
{
uchar i,j;
for(i=0;i<8;i++)
          {
          P2=t_cw8[i];
          P3=t_cw8[i];
          for(j=0;j<20;j++)
             {
             delay(15);
             key();
             if(num!=3) break;
             }
          if(num!=3) break;
          }
}
/*-----------------------------------
             8 拍反转子函数
-----------------------------------*/
void ccw8()
{
uchar i,j;
for(i=0;i<8;i++)
          {
          P2=t_ccw8[i];
          P3=t_ccw8[i];
          for(j=0;j<20;j++)
             {
             delay(15);
             key();
             if(num!=4) break;
             }
          if(num!=4) break;
```

```
        }
}
/*---------------------------------
            延时子函数
---------------------------------*/
void delay(uint x)
{
uint i,j;
for(i=x;i>0;i--)
for(j=110;j>0;j--);
}
```

一、键盘

根据代码转换方式的不同，键盘可以分为编码式和非编码式两种。编码式键盘通过数字电路可以直接产生对应于按键的ASCⅡ码，这种方式虽然编程简单、使用方便，但硬件电路比较复杂，成本较高，在简单的单片机控制系统中很少使用。非编码式键盘由独立按键或按键的矩阵组成，仅提供按键的开关状态，键码由程序设计确定。由于这种键盘结构简单，因而成为目前最常采用的键盘类型。另外，非编码式键盘可以分为独立式键盘和矩阵式键盘，本项目就是使用独立式键盘对步进电动机进行控制。

二、独立式键盘

1. 独立式键盘的设计

独立式键盘按键相互独立，每个按键占用一根I/O口线，每根I/O口线上的按键工作状态不会影响其他按键的工作状态，单片机可直接读取该I/O线的电平状态，通过电平状态判断按键是否按下。这种按键硬件结构简单、程序设计容易，判断速度快，使用方便，但每一个按键就要占用一个I/O口，因此，仅适用于按键数量较少的系统中。

独立连接式键盘的结构如图4-2所示。当没有键被按下时，所有的数据输入线均为高电平；当任意一个按键被按下时，与之相连的数据输入线将变为低电平；通过相应程序设计，可以判断是否有键被按下。

2. 按键抖动的消除

按键是由机械弹性元件组成的，按键的抖动是指按键的触点在闭合和断开瞬间由于接触情况不稳定，从而导致电压信号的抖动现象（由按键的机械特性造成，不可避免）。图4-3所示为一次按键的抖动过程，在按键的前沿和后沿都会有5～10ms的抖动。

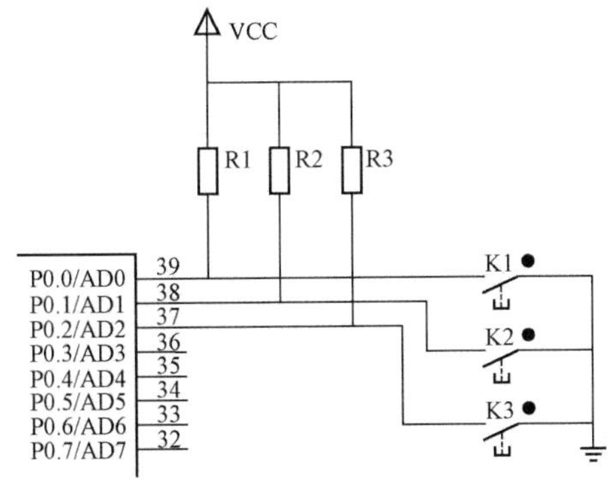

图4-2　独立连接式键盘的结构

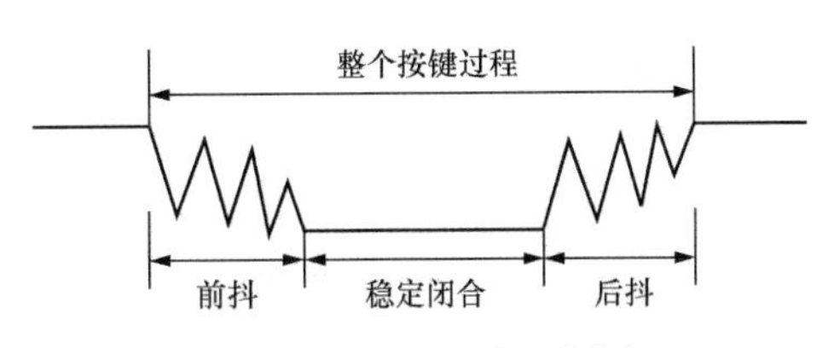

图4-3　按键抖动示意图

对于以微秒级工作的单片机而言，键盘的抖动有可能造成单片机对一次按键的多次处理。为了提高系统的稳定性，我们必须采用有效的方式消除抖动。

消除抖动可以采用硬件方式和软件方式。硬件方式是指在按键与单片机 I/O 口之间增加硬件消抖电路，利用硬件电路消除抖动（如 RS 触发器）。软件方式是指在程序设计中增加消除抖动的程序，通过程序设计消除抖动。硬件方式虽然对程序不会造成影响，但构成键盘的硬件电路复杂，成本增加，因此，软件方式应用更为广泛。

软件方式的实现方法是当单片机查询到电路中有按键按下时，先不进行处理，而是先执行 10～20ms（键盘抖动时间一般为 5～10ms）的延时程序，延时程序结束后，再次查询按键状态，若此时按键仍为按下状态，则视为按键被按下。

3. 独立式键盘扫描程序设计

【例 4-1】编程实现图 4-4 中的独立式键盘控制发光二极管的亮灭状态。

要求：K1 控制 D1，K2 控制 D2，K3 控制 D3，按键每按下一次发光二极管状态取反。

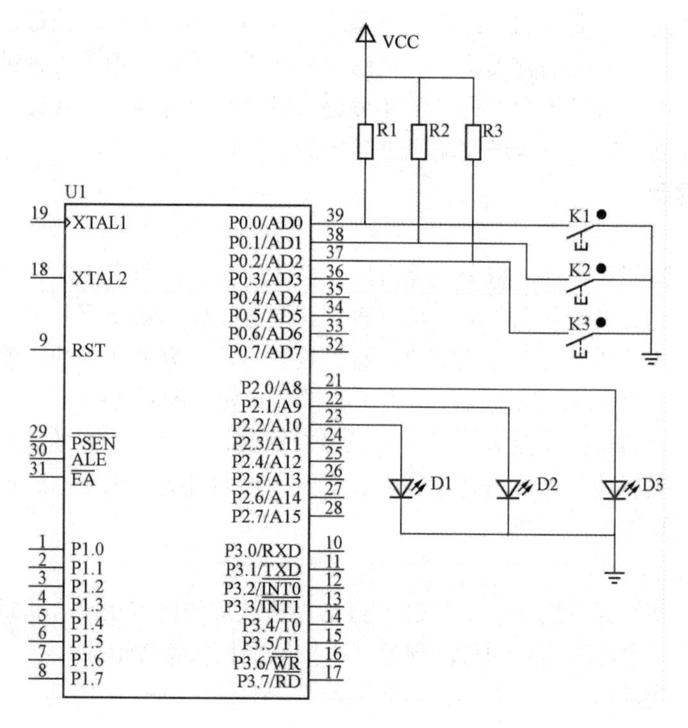

图 4-4 独立式键盘控制 LED

汇编程序：

```
K1   BIT P0.0
K2   BIT P0.1
K3   BIT P0.2
D1   BIT P2.2
D2   BIT P2.1
D3   BIT P2.0                ;用伪指令 BIT 定义位
ORG   0000H
START:MOV P2,#00H            ;熄灭所有 LED
MAIN:    JB  K1,NEXT         ;判断按键是否按下(按下为 0),如未按下则转去判断下一个按键状态
```

```
        ACALL DELAY15       ;按键按下调用 15ms 的延时程序
        JB   K1,NEXT        ;延时后继续判断按键状态
        CPL D1              ;延时后按键仍然为按下状态,执行按键对应程序
        JNB K1,$            ;等待按键释放,防止一次按键多次处理
        AJMP MAIN           ;按键操作完成,继续判断按键状态
NEXT: JB  K2,NEXT1
      ACALL DELAY15
      JB    K2,NEXT
      CPL D2
      JNB K2,$
      AJMP MAIN
NEXT1:JB  K3,MAIN
      ACALL DELAY15
      JB    K3,MAIN
      CPL D3
      JNB K3,$
      AJMP MAIN
DELAY15:   MOV R7,#30
D15:        MOV R6,#240
           DJNZ R6,$
           DJNZ R7,D15
           RET
```

C 程序:

```
#include<reg51.h>
sbit K1=P0^0;
sbit K2=P0^1;
sbit K3=P0^2;
sbit D1=P2^2;
sbit D2=P2^1;
sbit D3=P2^0;
void delay(unsigned int x)
{
unsigned int a,b;
for(a=x;a>0;a--)
    for(b=110;b>0;b--);
}
main()
{
P2=0x00;
while(1)
    {
    if(K1==0)                //判断按键是否按下
        {
        delay(15);           //按键按下后调用 15ms 的延时程序
        if(K1==0)            //延时后再次判断按键是否按下
            {
            D1=!D1;          //按键按下,LED 状态取反
            while(K1==0);    //等待按键释放
            }
        }
```

```
        else if(K2==0)              //判断按键是否按下
            {
            delay(15);              //按键按下后调用 15ms 的延时程序
            if(K2==0)               //延时后再次判断按键是否按下
                {
                D2=!D2;             //按键按下，LED 状态取反
                while(K2==0);       //等待按键释放
                }
            }
        else if(K3==0)              //判断按键是否按下
            {
            delay(15);              //按键按下后调用 15ms 的延时程序
            if(K3==0)               //延时后再次判断按键是否按下
                {
                D3=!D3;             //按键按下,LED 状态取反
                while(K3==0);       //等待按键释放
                }
            }
        }
    }
```

三、步进电动机

步进电动机在办公自动化设备、数控系统以及各种控制装置等众多领域有着极其广泛的应用。步进电动机是将电脉冲信号转变为角位移或线位移的电动机，可以实现开环控制，也就是说每输入一个脉冲信号，电动机就相应转过一个角度（前进一步）。当步进驱动器接收到一个脉冲信号，它就驱动步进电动机按设定的方向转动一个固定的角度，这个角度称为步距角。步进电动机的旋转是以固定的角度一步一步运行的，可以通过控制脉冲个数来控制角位移量，从而达到准确定位的目的，同时可以通过控制脉冲频率来控制电动机转动的速度，从而达到调速的目的。

步进电动机按定子上绕组可分为：二相、四相、五相等。

步进电动机按结构可分为：反应式（Variable Reluctance，VR）、永磁式（Permanent Magnet，PM）和混合式（Hybrid Stepping，HS）。

反应式：反应式步进电动机定子上有绕组，转子由软磁材料组成。其特点是结构简单、成本低、步距角小（可达1.2°），但动态性能差、效率低、发热量大，可靠性难保证。

永磁式：永磁式步进电动机的转子用永磁材料制成，转子的极数与定子的极数相同。其特点是动态性能好、输出力矩大，但精度差，步矩角大（一般为7.5°或15°）。

混合式：混合式步进电动机综合了反应式和永磁式的优点，其定子上有多相绕组、转子上采用永磁材料，转子和定子上均有多个小齿以提高步矩精度。其特点是输出力矩大、动态性能好，步距角小，但结构复杂、成本相对较高。

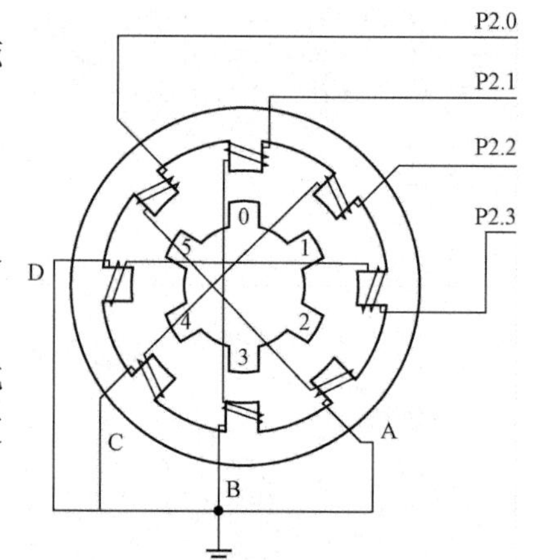

图 4-5　四相步进电动机内部结构

四、步进电动机工作方式

以本项目中采用的四相步进电动机为例，如图 4-5 所示，单片机的 P2.0、P2.1、P2.2、P2.3 四个口分别连接步进电动机的 A、B、C、D 四相，当

这四个 I/O 口以一定的顺序输出高电平时，就可以控制电动机的转子按照设定的方式转动。

四相步进电动机有单四拍、双四拍、单双八拍三种常用的工作方式（拍数：完成一个磁场周期性变化所需脉冲个数）。

四相步进电动机三种工作方式的编码表见表 4-1～表 4-3。

表 4-1 四相单四拍编码表

P2.7	P2.6	P2.5	P2.4	P2.3	P2.2	P2.1	P2.0	编码
悬空	悬空	悬空	悬空	D	C	B	A	
X	X	X	X	0	0	0	1	F1
X	X	X	X	0	0	1	0	F2
X	X	X	X	0	1	0	0	F4
X	X	X	X	1	0	0	0	F8

表 4-2 四相双四拍编码表

P2.7	P2.6	P2.5	P2.4	P2.3	P2.2	P2.1	P2.0	编码
悬空	悬空	悬空	悬空	D	C	B	A	
X	X	X	X	0	0	1	1	F3
X	X	X	X	0	1	1	0	F6
X	X	X	X	1	1	0	0	FC
X	X	X	X	1	0	0	1	F9

表 4-3 四相单双八拍编码表

P2.7	P2.6	P2.5	P2.4	P2.3	P2.2	P2.1	P2.0	编码
悬空	悬空	悬空	悬空	D	C	B	A	
X	X	X	X	0	0	0	1	F1
X	X	X	X	0	0	1	1	F3
X	X	X	X	0	0	1	0	F2
X	X	X	X	0	1	1	0	F6
X	X	X	X	0	1	0	0	F4
X	X	X	X	1	1	0	0	FC
X	X	X	X	1	0	0	0	F8
X	X	X	X	1	0	0	1	F9

单四拍与双四拍的步距角相等，八拍工作方式的步距角是单四拍与双四拍的一半，利用八拍工作方式可以提高控制精度。

五、步进电动机的控制

【例 4-2】编程实现图 4-6 中步进电动机以双四拍的工作方式正转三周后反转三周，并且循环。

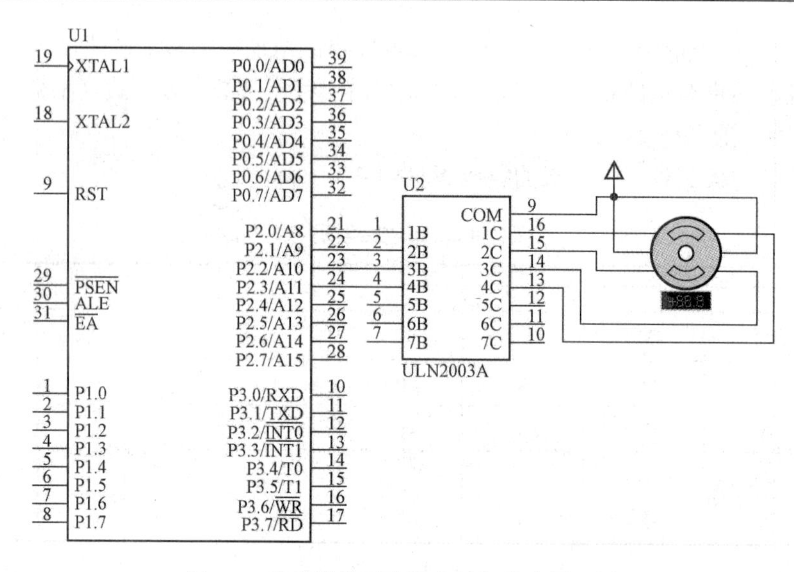

图 4-6 单片机控制步进电动机仿真原理图

汇编程序：

```
ORG 0000H
MAIN:MOV R1,#3
CW: ACALL CW4
    DJNZ R1,CW                  ;正转三周
    MOV R1,#3
CCW:ACALL CCW4
    DJNZ R1,CCW                 ;反转三周
    AJMP MAIN
CW4:     MOV DPTR,#TAB_CW4      ;按顺序输出双四拍正转编码,控制电动机正转
         MOV R0,#04
LOP1:    CLR A
         MOVC A,@A+DPTR
         MOV  P2,A
         ACALL DELAY
         INC DPTR
         DJNZ R0,LOP1
         RET
CCW4:    MOV DPTR,#TAB_CCW4     ;按顺序输出双四拍反转编码,控制电动机反转
         MOV R0,#04
LOP2:    CLR A
         MOVC A,@A+DPTR
         MOV  P2,A
         ACALL DELAY
         INC DPTR
         DJNZ R0,LOP2
         RET
DELAY:MOV R5,#10
LOOP: MOV R6,#100
LOOP1:MOV R7,#250
      DJNZ R7,$
```

```
      DJNZ R6,LOOP1
      DJNZ R5,LOOP
      RET
TAB_CW4:    DB 0F9H,0FCH,0F6H,0F3H              ;双四拍正转编码
TAB_CCW4:   DB 0F3H,0F6H,0FCH,0F9H              ;双四拍反转编码
      END
```

C 程序：

```
#include<reg51.h>
#define uint unsigned int
#define uchar unsigned char
uchar code  t_cw4[]={0xf9,0xfc,0xf6,0xf3};       //双四拍正转编码
uchar code t_ccw4[]={0xf3,0xf6,0xfc,0xf9};       //双四拍反转编码
void cw4();
void ccw4();
void delay(uint);
main()
{
uchar i;
while(1)
    {
     for(i=0;i<3;i++)   cw4();                   //调用 3 次正转子函数，正转三周
     for(i=0;i<3;i++)   ccw4();                  //调用 3 次反转子函数，反转三周
    }
}
void cw4()
{
uchar a;
for(a=0;a<4;a++)                      //按顺序输出双四拍正转编码,电动机正转
    {
    P2=t_cw4[a];
    delay(300);
    }
}
void ccw4()
{
uchar b;
for(b=0;b<4;b++)                      //按顺序输出双四拍反转编码,电动机反转
    {
    P2=t_ccw4[b];
    delay(300);
    }
}
void delay(uint x)
{
uint i,j;
for(i=x;i>0;i--)
for(j=110;j>0;j--);
}
```

提 示

AT89C51 单片机的 I/O 口输出电流较小，不能够直接驱动步进电动机，需要通过高耐压、大电流复合晶体管 IC-ULN2003 驱动步进电动机。

单片机输出编码的顺序决定步进电动机转动的方向，可以通过改变输出编码的顺序来实现步进电动机正反转的控制。

六、项目拓展练习

1. 设计如图 3-16 所示连接 6 个独立式按键，编程实现日历日期可调。6 个按键分别实现：年加 1、减 1，月加 1、减 1，日加 1、减 1。

2. 在图 4-6 中增加 3 个独立式按键，修改程序，实现电动机正转、反转、停止。

项目九 行列式键盘设计应用——简易密码锁的设计

项目描述 行列式键盘常用于设备需要按键数目较多的设计中，如密码锁、电话键盘等，本项目我们将采用行列式键盘设计简易的密码锁。

项目目的 掌握行列式键盘的软、硬件设计，理解密码锁的设计方法。

1. 设计要求

设计 4×4 的行列式键盘，输入六位密码后按确定键，当密码正确时绿灯亮，当密码错误时红灯亮，初始密码为 214028。

2. 硬件设计

密码锁仿真原理图如图 4-7 所示。

3. 软件设计

汇编程序：

```
RELAY BIT P1.0
L0       BIT P3.0
L1       BIT P3.1
L2       BIT P3.2
L3       BIT P3.3
C0       BIT P3.4
C1       BIT P3.5
C2       BIT P3.6
C3       BIT P3.7
LNUM       EQU 30H
CNUM       EQU 31H
KNUM       EQU 32H
SPW        EQU 40H
IPW        EQU 50H
ORG       0000H
MAIN:       MOV DPTR,#TAB
            ACALL RST
            MOV SPW,  #2
            MOV  SPW+1,#1
```

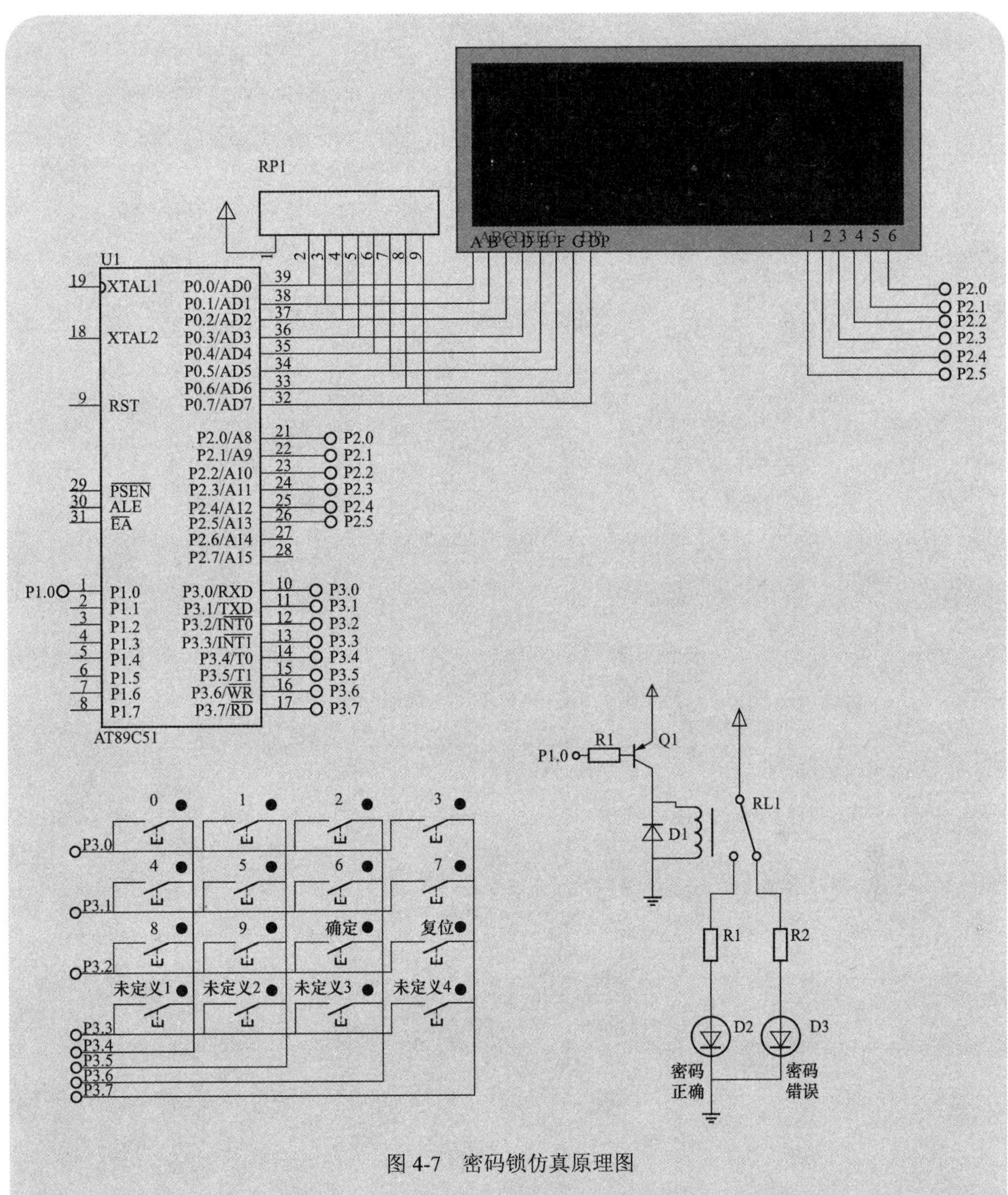

图 4-7 密码锁仿真原理图

```
        MOV  SPW+2,#4
        MOV  SPW+3,#0
        MOV  SPW+4,#2
        MOV  SPW+5,#8
LOOP:   ACALL KEY
        MOV A,KNUM
        CJNE A,#10,LOOP1
        ACALL COMPARE
        AJMP LOOP2
LOOP1:  CJNE A,#11,LOOP2
        ACALL RST
```

```
LOOP2:      ACALL DISPLAY
            AJMP LOOP

COMPARE:    MOV R0,#IPW
            MOV R1,#SPW
COMLOP:     MOV A,@R0
            MOV 20H,@R1
            CJNE A,20H,COMLOP1
            INC R0
            INC R1
            CJNE R0,#56H,COMLOP
            CLR RELAY
            RET
COMLOP1:    ACALL RST
            RET

RST:        MOV R0,#IPW
            MOV R1,#IPW
RLOP:       MOV @R1,#10
            INC R1
            CJNE R1,#56H,RLOP
            SETB RELAY
            RET

KEY:        MOV P3,#0FH
            ANL P3,#0FH
            MOV A,P3
            CJNE A,#0FH,KLOP
            RET
KLOP:       ACALL DELAY15
            ANL P3,#0FH
            MOV A,P3
            CJNE A,#0FH,KLOP1
            RET
KLOP1:      JB L0,LIN1
            MOV  LNUM,#0
            AJMP ROW
LIN1:       JB L1,LIN2
            MOV  LNUM,#1
            AJMP ROW
LIN2:       JB L2,LIN3
            MOV  LNUM,#2
            AJMP ROW
LIN3:       MOV LNUM,#3
ROW:        MOV P3,#0F0H
            JB C0,ROW1
            MOV CNUM,#0
            AJMP KLOP2
ROW1:       JB C1,ROW2
            MOV CNUM,#1
            AJMP KLOP2
ROW2:       JB C2,ROW3
```

```
          MOV CNUM,#2
          AJMP KLOP2
ROW3:     MOV CNUM,#3
KLOP2:    MOV A,LNUM
          MOV B,#4
          MUL AB
          ADD A,CNUM
          MOV KNUM,A
          CLR C
          MOV A,#9
          SUBB A,KNUM
          JC  KLOP3
          MOV @R0,KNUM
          INC R0
KLOP3:    MOV P3,#0FH
          ANL P3,#0FH
          MOV A,P3
          CJNE A,#0FH,KLOP3
          RET

DISPLAY:  MOV R1,#IPW
          MOV R2,#0DFH
DISLOP:   MOV A,@R1
          MOVC A,@A+DPTR
          MOV P0,A
          MOV P2,R2
          ACALL DELAY1
          MOV P0,#00H
          INC R1
          MOV A,R2
          RR  A
          MOV R2,A
          CJNE R2,#7FH,DISLOP
          RET
;-----------------------1ms 延时子程序----------------------------
DELAY1:   MOV R5,#2
DELAY:    MOV R6,#250
          DJNZ R6,$
          DJNZ R5,DELAY
          RET
;-----------------------15ms 延时子程序---------------------------
DELAY15:  MOV R7,#30
D15:      MOV R6,#240
          DJNZ R6,$
          DJNZ R7,D15
          RET
;------------------------------字段码----------------------------------
TAB:DB 3fH,06H,5bH,4fH,66H,6dH,7dH,07H,7fH,6fH,08H
END
```

C 程序：

```
#include<reg51.h>
#include<intrins.h>
#define uint unsigned int
#define uchar unsigned char

uchar code table[]={0x3f,0x06,0x5b,0x4f,
                    0x66,0x6d,0x7d,0x07,
                    0x7f,0x6f,0x08};         //0x08 表示数码管显示"_"
uchar data dis_num[6]={2,1,4,0,2,8};         //初始密码
uchar data in_num[6]={10,10,10,10,10,10};    //输入的密码及显示信息
uchar num,num1;                              //num 按键键值 num1 按键按下次数
/*-----------------------------------
          函数声明
-----------------------------------*/
void key();
void display();
void delay(uint);
void compare();
void rst();
/*-----------------------------------
          定义位
-----------------------------------*/
sbit relay=P1^0;                          //控制继电器
sbit L0=P3^0;                             //第 1 行
sbit L1=P3^1;                             //第 2 行
sbit L2=P3^2;                             //第 3 行
sbit L3=P3^3;                             //第 4 行
sbit C0=P3^4;                             //第 1 列
sbit C1=P3^5;                             //第 2 列
sbit C2=P3^6;                             //第 3 列
sbit C3=P3^7;                             //第 4 列
/*-----------------------------------
          主函数
-----------------------------------*/
main()
{
while(1)
        {
        key();                            //调用键盘扫描子函数
        if(num==10)   compare();          //如果按下的是确定键，调用判断密码子函数
        else if(num==11)  rst();          //如果按下时是复位键，调用密码锁复位子函数
        display();                        //调用显示子函数
        }
}
/*-----------------------------------
      密码锁复位子函数
-----------------------------------*/
void rst()
{
```

```
uchar x;
for(x=0;x<6;x++) in_num[x]=10;                    //显示器均显示"_"
num1=0;                                           //按键按下次数清零
relay=1;                                          //继电器断开
}
/*---------------------------------
           判断密码子函数
---------------------------------*/
void compare()
{
uchar x,y=0;
for(x=0;x<6;x++)
         {
         if(in_num[x]!=dis_num[x])y++;      //输入密码与设定密码不相同时 y=1
         if(y!=0) break;                    //密码不同则跳出循环
            }
if(y==0)  relay=0;                          //密码正确,继电器吸合,绿灯亮
else      rst();                            //密码错误,密码锁复位
}
/*---------------------------------
           键盘扫描子函数
---------------------------------*/
void key()
{
P3=0x0f;
if((P3&0x0f)!=0x0f)                         //是否有按键按下
         {
         delay(15);                         //消除键抖动
         if((P3&0x0f)!=0x0f)                //再次判断是否有按键按下
           {
/*           判断哪一行有按键按下
-------------------------------------*/
           if(L0==0)       num=0;
           else if(L1==0)  num=1;
           else if(L2==0)  num=2;
           else num=3;
/*           判断哪一列有按键按下
-------------------------------------*/
          P3=0xf0;
          if(C0==0)    num=0+num*4;
          else if(C1==0)   num=1+num*4;
          else if(C2==0)   num=2+num*4;
          else num=3+num*4;                 //计算键值
          P3=0x0f;
          while((P3&0x0f)!=0x0f);           //等待按键释放
          }
        if(0<=num<=9) //如果按键键值在0~9则按顺序保存在输入密码数组in_num[]中
          {
          if(num1<6)   in_num[num1++]=num;
          }
        }
}
```

```
/*----------------------------------
            显示子函数
----------------------------------*/
void display()
{
uchar i;
P2=0xbf;
for(i=0;i<6;i++)
        {
        P0=table[in_num[i]];
        P2=_cror_(P2,1);
        delay(1);
        P0=0x00;
        }
}
/*----------------------------------
            延时子函数
----------------------------------*/
void delay(uint x)
{
uint a,b;
for(a=x;a>0;a--)
          for(b=110;b>0;b--);
}
```

一、行列式键盘

1. 行列式键盘的构成

将 I/O 口连线分为行线和列线，按键连接在行线和列线上。

在键盘中按键数量较多时，如仍然采用独立式键盘将会占用大量的 I/O 口，为了减少 I/O 口的占用，通常采用行列式键盘，行列式键盘又称为矩阵式键盘，是将按键排列成行、列的形式，如图 4-8 所示。在行列式键盘中，每条水平线和垂直线在交叉处不直接连通，而是通过一个按键加以连接。这样，单片机的一个 8 位并行 I/O 口就可以构成 4×4=16 个按键，比占用相同 I/O 口数目的独立式键盘的按键数多出了一倍，如用两个 8 位并行 I/O 口就可以构成 8×8=64 个按键，而用独立式键盘只能构成 16 个按键。由此可见，行列式键盘适用于密码锁、计算器等按键数目比较多的场合。

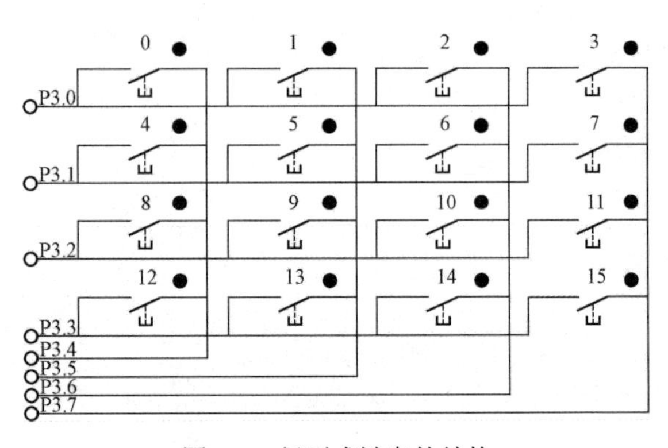

图 4-8　行列式键盘的结构

2. 行列式键盘的按键扫描

行列式键盘结构比独立式键盘要复杂一些，按键识别起来也要复杂一些。判定按键时，需要逐行逐列进行扫描。例如图 4-8 所示，键盘扫描时，首先将列（P3.4～P3.7）置为低电平作为输出，行（P3.0～P3.3）置为高电平作为输入，即 MOV P3，#0FH，进行行扫描。读取行的状态，如均为高电平说明无按键按下，结束键盘扫描；如有按键按下时，对应的行的状态会从高电平变为低电平，这时需要逐行判断，若某一行出现低电平，则该行上有按键按下，记录行号。然后，将列（P3.4～P3.7）置为高电平作为输入，行（P3.0～P3.3）置为低电平作为输出，即 MOV P3，#0F0H，进行列扫描。逐列判断，若某一列出现低电平，则该列上有按键按下，记录列号。通过以上步骤就可以确定是哪一个按键按下，通过公式键值=行号×列数+列号（行号、列号都是从 0 开始的），可以计算出按键的键值。

3. 行列式键盘扫描程序设计

【例 4-3】如图 4-9 所示，在 BCD 数码管上显示 3×3 行列式键盘按键的键值。

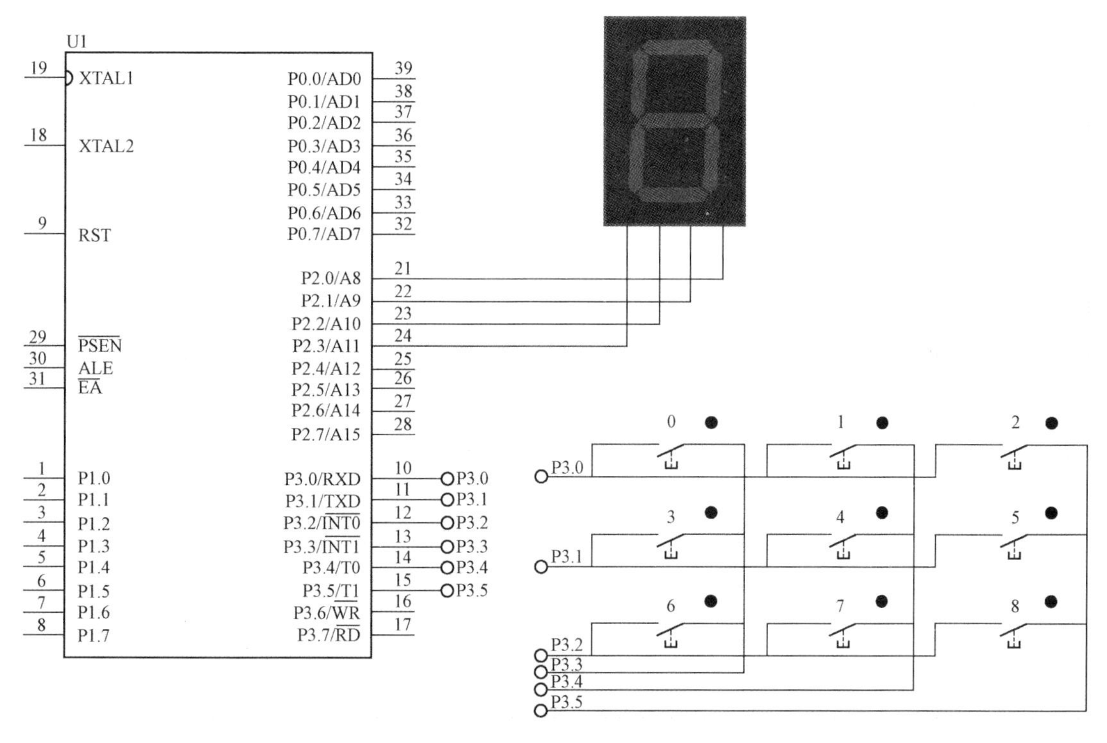

图 4-9 3×3 行列式键盘仿真原理图

汇编程序：

```
;------------------定义位 ----------------------
L0   BIT P3.0                   ;第 0 行
L1   BIT P3.1                   ;第 1 行
L2   BIT P3.2                   ;第 2 行
C0   BIT P3.3                   ;第 1 列
C1   BIT P3.4                   ;第 2 列
C2   BIT P3.5                   ;第 3 列
LNUM         EQU 30H            ;行号
CNUM         EQU 31H            ;列号
KNUM         EQU 32H            ;键值
ORG 0000H
;------------------主程序 ----------------------
MAIN:   ACALL KEY
        MOV P2,KNUM
        AJMP MAIN
;-----------------------键盘扫描子程序-----------------------------
```

```
KEY:     MOV P3,#07H
         ANL P3,#07H
         MOV A,P3
         CJNE A,#07H,KLOP      ;判断有无按键按下
         RET
KLOP:    ACALL DELAY15         ;消除按键抖动
         ANL P3,#07H
         MOV A,P3
         CJNE A,#07H,KLOP1
         RET
KLOP1:   JB L0,LIN1            ;行扫描
         MOV LNUM,#0
         AJMP ROW
LIN1:    JB L1,LIN2
         MOV LNUM,#1
         AJMP ROW
LIN2:    MOV LNUM,#2
ROW:     MOV P3,#38H           ;列扫描
         JB C0,ROW1
         MOV CNUM,#0
         AJMP KLOP2
ROW1:    JB C1,ROW2
         MOV CNUM,#1
         AJMP KLOP2
ROW2:    MOV CNUM,#2
KLOP2:   MOV A,LNUM
         MOV B,#3
         MUL AB
         ADD A,CNUM
         MOV KNUM,A
KLOP3:   MOV P3,#07H           ;等待按键释放
         ANL P3,#07H
         MOV A,P3
         CJNE A,#07H,KLOP3
         RET
;-----------------------15ms 延时子程序----------------------------
DELAY15:MOV R7,#30
D15:     MOV R6,#240
         DJNZ R6,$
         DJNZ R7,D15
         RET
END
```

C 程序：

```
#include<reg51.h>
#define uint unsigned int
#define uchar unsigned char
uchar num;                     //num 按键键值
/*---------------------------------
           函数声明
---------------------------------*/
```

```
void key();
void delay(uint);
/*----------------------------------
            定义位
----------------------------------*/
sbit L0=P3^0;                   //第 0 行
sbit L1=P3^1;                   //第 1 行
sbit L2=P3^2;                   //第 2 行
sbit C0=P3^3;                   //第 0 列
sbit C1=P3^4;                   //第 1 列
sbit C2=P3^5;                   //第 2 列
/*----------------------------------
            主函数
----------------------------------*/
main()
{
while(1)
    {
    key();                      //调用键盘扫描子函数
    P2=num;
    }
}
/*----------------------------------
            键盘扫描子函数
----------------------------------*/
void key()
{
P3=0x07;
if((P3&0x0f)!=0x07)             //是否有按键按下
    {
    delay(15);                  //消除键抖动
    if((P3&0x07)!=0x07)         //再次判断是否有按键按下
        {
/*       判断哪一行有按键按下
---------------------------------------*/
        if(L0==0)       num=0;
        else if(L1==0)  num=1;
        else            num=2;
/*       判断哪一列有按键按下
---------------------------------------*/
        P3=0x38;
        if(C0==0)       num=0+num*3;
        else if(C1==0)  num=1+num*3;
        else            num=2+num*3;    //计算键值
        P3=0x38;
        while((P3&0x38)!=0x38);         //等待按键释放
        }
    }
}
/*----------------------------------
            延时子函数
```

```
---------------------------------*/
void delay(uint x)
{
uint a,b;
for(a=x;a>0;a--)
    for(b=110;b>0;b--);
}
```

二、继电器

继电器（Relay）是一种电控制元件，是当输入量（激励量）的变化达到规定要求时，在电气输出电路中使被控量发生预定的阶跃变化的一种电器。它具有控制系统（又称输入回路）和被控制系统（又称输出回路），通常应用于自动化的控制电路中，实际上是用小电流去控制大电流运作的一种“自动开关”，在电路中起着自动调节、安全保护、转换电路等作用。

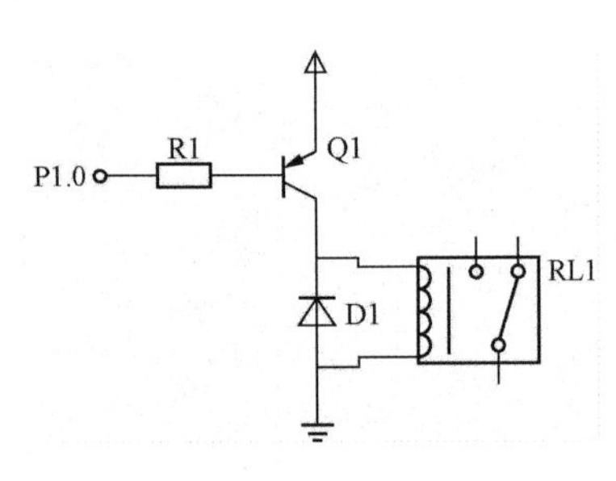

图 4-10　单片机与继电器连接电路

继电器是具有电隔离功能的自动开关元件，广泛应用于遥控、遥测、通信、自动控制、机电一体化及电力电子设备中，是重要的控制元件之一。

在单片机控制系统中，单片机的工作电压在 5V 左右，但是通过继电器就可以控制工作电压更高的设备、仪器。继电器与单片机的连接电路如图 4-10 所示，单片机通过 P1.0 口可以控制继电器开关的状态。电路中 D1 作为保护二极管，防止继电器状态切换时，继电器线圈产生的感应电压击穿晶体管。

三、项目拓展练习

1．为安全起见修改项目九程序，实现输入密码时数字不显示，全部用“8”代替。

2．如图 4-7 所示，利用按键“未定义 1”作为密码修改键，编写程序，实现密码锁密码可修改。

任务九　中断系统应用

项目十　外部中断应用——中断控制数码管计数

项目描述　中断系统是单片机系统应用中重要的组成部分。本项目我们将利用外部中断实现对数码管的控制。

项目目的　掌握中断系统的初始化设置和外部中断的使用。

1．设计要求

主程序实现数码管 0～9 的循环显示，$\overline{\text{INT0}}$实现数码管 9～0 显示一轮，$\overline{\text{INT1}}$实现数码管 A～F 显示一轮，$\overline{\text{INT1}}$优先级高于$\overline{\text{INT0}}$，$\overline{\text{INT0}}$下降沿触发，$\overline{\text{INT1}}$低电平触发。

2．硬件设计

外部中断仿真原理图如图 4-11 所示。

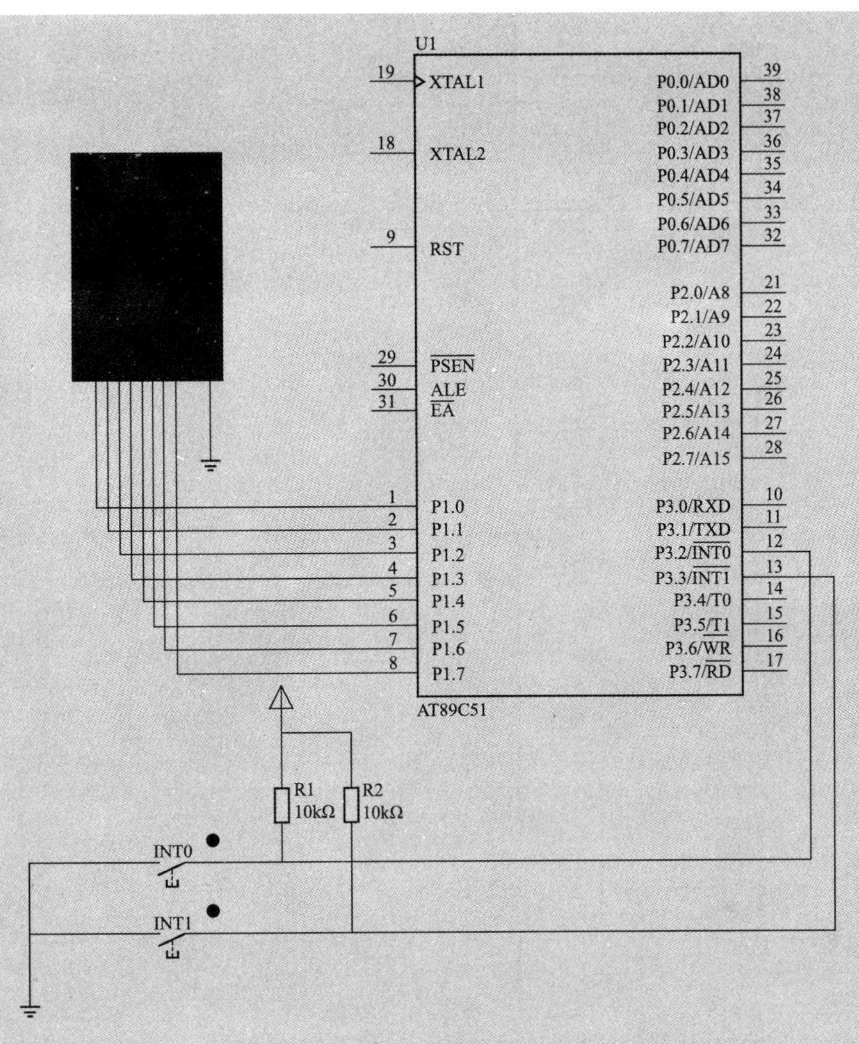

图 4-11 外部中断仿真原理图

3. 软件设计

汇编程序：

```
ORG  0000H
SJMP START
ORG  0003H                          ;中断入口定义
SJMP INT_0
ORG  0013H                          ;中断入口定义
SJMP INT_1
START:     MOV IE,#10000101B        ;开放外部中断
           MOV IP,#00000100B        ;外部中断 1 高优先级
           SETB IT0                 ;外部中断 0 下降沿触发
           MOV SP,#60H              ;修改栈指针
MAIN:      MOV DPTR,#TAB            ;指向字段码表首地址
           MOV R0,#10               ;设置循环次数
LOOP:      CLR A                    ;清零 A
           MOVC A,@A+DPTR           ;查找对应字段码
```

```
        MOV  P1,A             ;送 P1 显示
        ACALL DELY            ;延时
        INC DPTR              ;指向下一个要显示的字段码
        DJNZ R0,LOOP          ;判断循环是否结束
        SJMP  MAIN
INT_0:  SETB RS0              ;保护现场
        PUSH DPH
        PUSH DPL
        PUSH ACC
        MOV DPTR,#TAB         ;指向字段码表首地址
        MOV B,#9              ;送显示数值
I0:     MOV A,B               ;将显示数值送入 A
        MOVC A,@A+DPTR        ;查找显示数值对应字段码
        MOV P1,A              ;送显示
        ACALL DELY            ;延时
        MOV A,B
        JZ OVER0              ;判断循环是否结束
        DEC B                 ;显示数值减 1
        SJMP I0
OVER0:  CLR RS0               ;恢复现场
        POP ACC
        POP DPL
        POP DPH
        MOV P1,A
        RETI
INT_1:  SETB RS1              ;保护现场
        PUSH DPH
        PUSH DPL
        PUSH ACC
        PUSH B
        MOV DPTR,#TAB+10      ;指针指向字段码 A 的地址
I1:     CLR A                 ;清零 A
        MOVC A,@A+DPTR        ;查找字段码
        CJNE A,#0FFH,I11      ;判断循环是否结束
        SJMP OVER1
I11:    MOV P1,A              ;送显示
        ACALL DELY            ;延时
        INC DPTR
        SJMP I1
OVER1:  CLR RS1               ;恢复现场
        POP B
        POP ACC
        POP DPL
        POP DPH
        MOV P1,A
        RETI

DELY:   MOV R4,#5
LOP1:   MOV R5,#250
LOP2:   MOV R6,#250
        DJNZ R6,$
        DJNZ R5,LOP2
```

```
        DJNZ R4,LOP1
        RET
TAB:DB 3fH,06H,5bH,4fH,66H,6dH,7dH,07H,7fH,6fH,77H,7cH,39H,5eH,79H,71H,0ffH
END
```

C 程序：

```
#include<reg51.h>
#define uchar unsigned char
#define uint  unsigned int
uchar code table[]={0x3f,0x06,0x5b,0x4f,
                    0x66,0x6d,0x7d,0x07,
                    0x7f,0x6f,0x77,0x7c,
                    0x39,0x5e,0x79,0x71};
void delay(uint);
/*----------------------------------
     主函数显示 0～9
----------------------------------*/
main()
{
uchar a;
IE=0x85;                 //开放中断
IP=0x04;                 //外部中断 1 高优先级
IT0=1;                   //外部中断 0 下降沿触发
while(1)
          {
          for(a=0;a<10;a++)
            {
            P1=table[a];
            delay(500);
            }
          }
}
/*----------------------------------
   外部中断 0 服务程序显示 9～0
----------------------------------*/
void int_0() interrupt 0
{
char b;
for(b=9;b>=0;b--)
        {
        P1=table[b];
        delay(500);
        }
}
/*----------------------------------
   外部中断 1 服务程序显示 A～F
----------------------------------*/
void int_1() interrupt 2
{
uchar c;
for(c=10;c<16;c++)
```

```
        {
        P1=table[c];
        delay(500);
        }
}
/*----------------------------------
        延时子函数
----------------------------------*/
void delay(uint x)
{
uint i,j;
for(i=x;i>0;i--)
        for(j=110;j>0;j--);
}
```

一、单片机中断系统

前期的单片机系统中并没有引入中断（Interrupt）机制，随着工业技术的发展，在一些实时控制系统中，要求单片机能够快速、自动地处理一些突发事件，中断技术随之产生。此后，单片机的应用更加广泛，中断系统是单片机系统应用中重要的组成部分。

1. 中断的概念

当 CPU 在正常执行某一程序时，由于内部或外部的突发事件，要求 CPU 暂停正在执行的程序而转去处理突发事件（即执行突发事件的中断服务程序），事件处理结束后返回原来被中断的程序断点处（被中断的下一条指令）继续执行，这个过程称为中断，中断处理过程如图 4-12 所示。

当 CPU 正在执行某个低优先级的中断服务程序时，如果有高优先级的中断源请求中断时，CPU 可以中断正在执行的低优先级的中断服务程序，转去处理高优先级的中断服务程序，当高优先级的中断服务程序处理结束后返回刚才被中断的低优先级中断服务程序的断点处继续执行，这个过程称为中断嵌套。中断嵌套处理过程如图 4-13 所示。

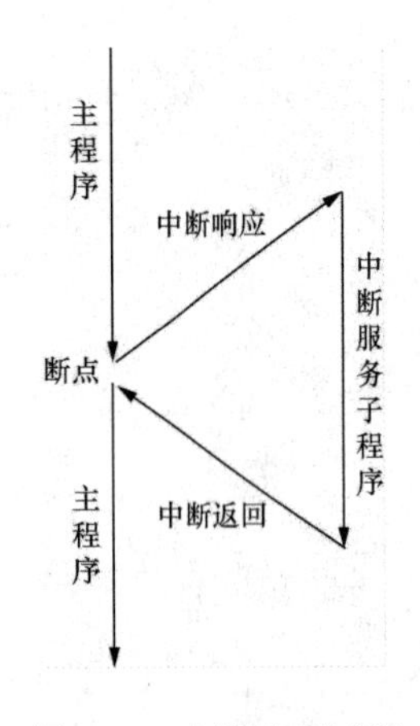

图 4-12 中断处理过程

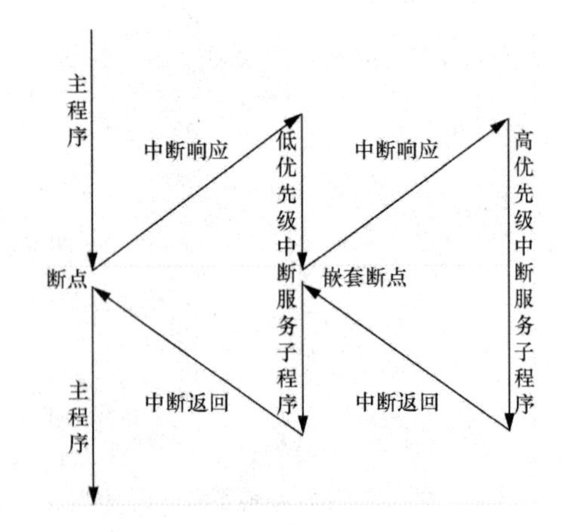

图 4-13 中断嵌套处理过程

2. 引入中断的好处

采用中断技术可以提高单片机的性能，主要表现在以下方面：

实现分时操作：只有当服务对象向 CPU 发出中断申请时，才去为它服务，这样单片机可以同时为多个对象服务，从而大大提高工作效率。

实现实时处理：利用中断技术，各个服务对象可以根据需要随时向 CPU 发出中断请求，CPU 能及时发现和处理中断请求，以满足实时控制的要求。

进行故障处理：发生难以预料的情况或故障时，如突然断电、存储出错、运算溢出等，系统及时发出请求中断，由 CPU 快速作出相应的处理，可以提高系统自身的可靠性。

二、中断源

向 CPU 发出中断请求的信号称为中断源。MCS-51 系列单片机中有五个中断源，其中两个外部中断源，三个内部中断源，具体如下：

$\overline{\text{INT0}}$：外部中断，由引脚 P3.2 引入中断请求。

$\overline{\text{INT1}}$：外部中断，由引脚 P3.3 引入中断请求。

定时/计数器 T0：内部中断，定时/计数器 0 溢出中断，由引脚 P3.4 引入外部脉冲计数。

定时/计数器 T1：内部中断，定时/计数器 1 溢出中断，由引脚 P3.5 引入外部脉冲计数。

串行口中断：内部中断，包括串行接收中断 RI 和串行发送中断 TI。

三、中断控制寄存器

如图 4-14 所示，中断系统中涉及定时/计数器控制寄存器（TCON）、串行口控制寄存器（SCON）、IE 和 IP 四个特殊功能寄存器。TCON 和 SCON 锁存各中断源的中断请求标志位，IE 控制各中断源的中断请求是否被响应，IP 设置各中断源的优先级。

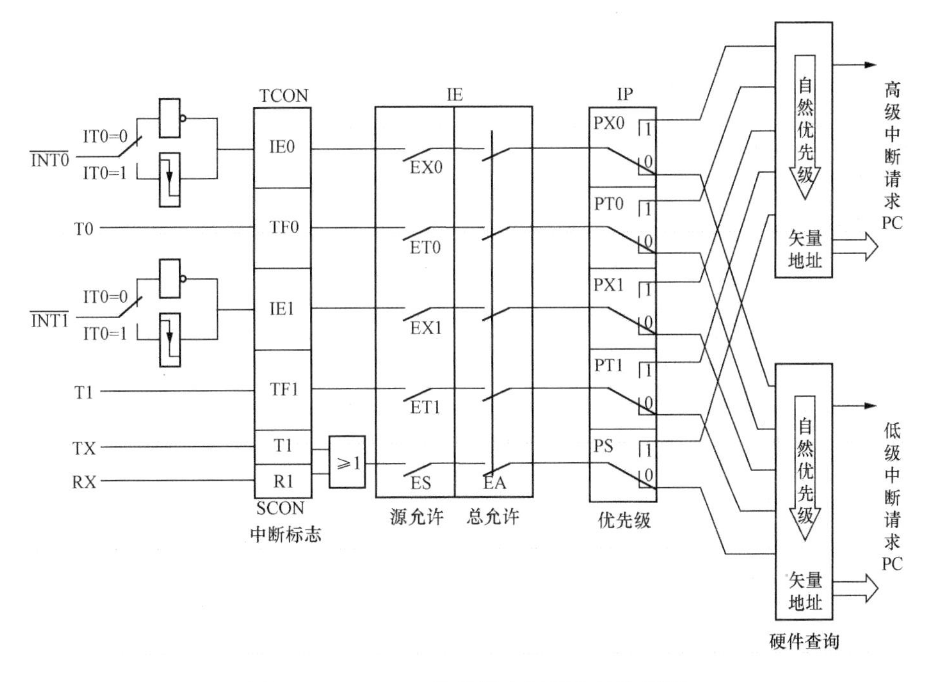

图 4-14 MCS-51 单片机中断系统结构框图

1. TCON

TCON 是可进行位寻址的 8 位特殊功能寄存器，其字节地址为 88H。它除了能够锁存定时/计数器和外部中断的 4 个中断源的中断请求标志位外，还可以控制定时/计数器的启动与停止，设定外部中断的触发方式。单片机复位时，TCON 的各位均被清零。具体的各位地址和位名称如表 4-4 所示，D4、D6 将在定时/计数器中作介绍。

表 4-4 TCON 具体各位地址和位名称

位号	D7	D6	D5	D4	D3	D2	D1	D0
位地址	8FH		8DH		8BH	8AH	89H	88H
位名称	TF1		TF0		IE1	IT1	IE0	IT0

TCON 各位功能如下：

IT0：外部中断$\overline{\text{INT0}}$的触发方式控制位，由软件设置 0 和 1。

IT0=0 时，为电平触发方式，低电平有效。当引脚 P3.2 为低电平信号时申请中断。

IT0=1 时，为边沿触发方式，下降沿触发。当引脚 P3.2 出现下降沿脉冲信号时申请中断。

IE0：外部中断$\overline{\text{INT0}}$的中断请求标志位。当 P3.2 申请中断时，该标志位由硬件自动置 1，当 CPU 响应中断后，该标志位由硬件自动清零（只适用于边沿触发方式）。

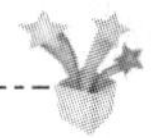

提 示

电平触发方式时，TCON 不锁存中断请求信号。单片机把每个机器周期采样到的外部中断源口线的电平状态直接赋值到相应的中断请求标志位中。当中断请求没有得到及时响应时，中断请求标志将丢失；反之，当中断源持续为低电平时，中断标志始终为 1，CPU 会重复响应中断。

边沿触发方式时，TCON 锁存中断请求信号。当外部中断源口线出现下降沿时，中断请求标志位置为 1，直到 CPU 响应中断后，由硬件自动清除。

IT1：外部中断$\overline{\text{INT1}}$的触发方式控制位，由软件设置 0 和 1。

IT1=0 时，为电平触发方式，低电平有效。当引脚 P3.3 为低电平信号时申请中断。

IT1=1 时，为边沿触发方式，下降沿触发。当引脚 P3.3 出现下降沿脉冲信号时申请中断。

IE1：外部中断$\overline{\text{INT1}}$的中断请求标志位。当 P3.3 申请中断时，该标志位由硬件自动置 1，当 CPU 响应中断后，该标志位由硬件自动清零（只适用于边沿触发方式）。

TF0：定时/计数器 T0 的中断溢出标志位。定时/计数器 T0 计数溢出时，该标志位由硬件自动置 1，CPU 响应中断后，该标志位由硬件自动清零。

TF1：定时/计数器 T1 的中断溢出标志位。定时/计数器 T1 计数溢出时，该标志位由硬件自动置 1，CPU 响应中断后，该标志位由硬件自动清零。

2. SCON

SCON 的字节地址为 98H，可进行位寻址，单片机复位时，SCON 的各位均被清零。具体的各位地址和位名称如表 4-5 所示，D2～D7 将在串行口中介绍。

表 4-5 SCON 具体各位地址和位名称

位号	D7	D6	D5	D4	D3	D2	D1	D0
位地址							99H	98H
位名称							TI	RI

RI：串行口接收中断标志位，当串行口接收到一帧数据时，RI 由硬件自动置 1，CPU 响应中断后，硬件不能自动清除 RI，需要由用户通过软件清零。

TI：串行口发送中断标志位，当串行口发送完一帧数据时，T1 由硬件自动置 1，CPU 响应中断后，硬件不能自动清除 TI，需要由用户通过软件清零。

3．IE

IE 控制中断源的开放和屏蔽，字节地址为 A8H，可进行位寻址，由软件设置各位为 0 和 1，实现中断允许的控制。单片机复位时，IE=0XX00000B，所有中断都被关闭。具体的各位地址和位名称如表 4-6 所示。

表 4-6　　IE 具体各位地址和位名称

位号	D7	D6	D5	D4	D3	D2	D1	D0
位地址	AFH	—	—	ACH	ABH	AAH	A9H	A8H
位名称	EA	—	—	ES	ET1	EX1	ET0	EX0

EX0：外部中断 $\overline{\text{INT0}}$ 的中断允许控制位。EX0=1 时，$\overline{\text{INT0}}$ 开放中断；EX0=0 时，$\overline{\text{INT0}}$ 关闭中断。

ET0：定时/计数器 T0 中断允许控制位。ET0=1 时，T0 开放中断；ET0=0 时，T0 关闭中断。

EX1：外部中断 $\overline{\text{INT1}}$ 的中断允许控制位。EX1=1 时，$\overline{\text{INT1}}$ 开放中断；EX1=0 时，$\overline{\text{INT1}}$ 关闭中断。

ET1：定时/计数器 T1 中断允许控制位。ET1=1 时，T1 开放中断；ET1=0 时，T1 关闭中断。

ES：串行口中断允许控制位。ES=1 时，串行口开放中断；ES=0 时，串行口关闭中断。

EA：CPU 中断允许控制位。EA=1 时，CPU 开放中断；EA=0 时，CPU 关闭中断。

【例 4-4】设置允许 T0 和串行口中断。

汇编语言：字节操作为

```
MOV IE,#92H
```

或位操作为

```
SETB EA
SETB ES
SETB ET0
```

C 语言：字节操作为

```
IE=0x92;
```

或位操作为

```
EA=1;
ES=1;
ET0=1;
```

4．IP

MCS-51 单片机的中断系统分为两个中断优先级，即高优先级和低优先级。IP 用来定义每个中断源的中断优先级，字节地址为 B8H，可进行位寻址，通过软件设置各位为 0 和 1，实现中断优先级的设定。为 0 时，定义中断为低优先级；为 1 时，定义中断为高优先级。单片机复位时，IP=XXX00000B，所有中断都是低优先级。具体的各位地址和位名称如表 4-7 所示。

提 示

高优先级的中断请求能中断低优先级的中断服务程序，形成中断嵌套。低优先级的中断请求不能中断高优先级的中断服务程序，同级中断之间不能够相互中断。

如果同级的多个中断源同时请求中断时，则按 CPU 查询顺序，既自然优先级来确定哪个中断请求被响应。自然优先级顺序为 $\overline{\text{INT0}}$→T0→$\overline{\text{INT1}}$→T1→串行口中断。

中断优先级是可以通过 IP 进行设置，但是自然优先级是不可改变的。

表 4-7　　寄存器 IP 具体各位地址和位名称

位号	D7	D6	D5	D4	D3	D2	D1	D0
位地址	—	—	—	BCH	BBH	BAH	B9H	B8H
位名称	—	—	—	PS	PT1	PX1	PT0	PX0

PX0：外部中断 $\overline{\text{INT0}}$ 中断优先级控制位。PX1=1，外部中断 $\overline{\text{INT0}}$ 定义为高优先级；PX1=0，外部中断 $\overline{\text{INT0}}$ 定义为低优先级。

PT0：定时/计数器 T0 中断优先级控制位，设置同 PX0。

PX1：外部中断 $\overline{\text{INT1}}$ 中断优先级控制位，设置同 PX0。

PT1：定时/计数器 T1 中断优先级控制位，设置同 PX0。

PS：串行口中断优先级控制位，设置同 PX0。

【例 4-5】设置定时/计数器 T1 为高优先级，其他为低优先级。

汇编语言：字节操作为

```
MOV IP,#08H
```

位操作为

```
SETB PT1
```

C 语言：

```
IP=0x08;
```

或：

```
PT1=1;
```

四、中断处理过程

中断处理过程可分为：中断响应、中断处理、中断返回 3 个步骤。

1. 中断响应

CPU 在每个机器周期采样中断源，当有中断源申请中断时将相应的中断标志置为 1，并且按自然优先级的顺序逐个查询各个中断标志位，如果某中断标志为 1，将判断中断请求是否满足响应条件，如果满足响应条件，CPU 将响应中断。

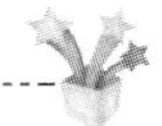
提 示

中断响应条件：

（1）CPU 开放中断，该中断源开放中断。

（2）CPU 没有响应同级或更高级的中断。

（3）当前处在所执行指令的最后一个周期。

（4）如果正执行的指令是中断返回 RETI 或访问 IE、IP 寄存器的指令，那么 CPU 必须再执行一条指令后才能响应中断。

CPU 响应中断的步骤：

（1）保护断点地址。将断点地址压入堆栈中，完成中断服务程序后，恢复断点地址继续执行被中断的程序。

（2）撤销该中断源的中断请求标志。当 CPU 响应该中断后，将撤销该中断源的中断请求标志，防止 CPU 重复响应中断。有些中断标志由硬件自动撤除（$\overline{\text{INT0}}$、$\overline{\text{INT1}}$、T0、T1），有些必须由用户用软件撤除（TI、RI）。

（3）关闭同级中断。阻断后来的同级中断请求，中断返回时重新开启同级中断。

（4）将中断入口地址送入 PC，转向中断服务程序。MCS-51 单片机每一个中断源都有固定的中断入口地址，当中断源满足中断响应条件后，PC 中自动装入该中断源的入口地址，使程序转向该中断源入口地址开始执行中断服务程序。

MCS-51 单片机各中断源中断入口地址如表 4-8 所示。

表 4-8　　MCS-51 单片机中断源入口地址

中断源	入口地址	中断源	入口地址
外部中断 $\overline{\text{INT0}}$	0003H	定时/计数器 T1	001BH
定时/计数器 T0	000BH	串行口中断	0023H
外部中断 $\overline{\text{INT1}}$	0013H		

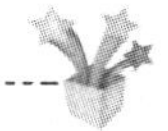
提 示

由表 4-8 可知，每两个中断入口地址之间仅间隔 8 个字节，当 CPU 响应中断后 PC 会自动指向相应的入口地址开始执行中断服务程序，但 8 个字节的空间显然不足以存放一段中断服务程序，因此，一般在中断入口中安排一条无条件转移指令，转向真正的中断服务程序的地址。另外，主程序开始就从地址 0000H 开始执行，因此，当程序中引入中断后，主程序应避开终端入口地址。

例如：当 5 个中断都被允许时，中断入口定义如下。

```
ORG  0000H
LJMP MAIN            ;转向主程序
ORG  0003H
LJMP INT_0           ;转向外部中断 0 服务程序
```

```
ORG  000BH
LJMP T_0             ;转向定时/计数器 T0 服务程序
ORG  0013H
LJMP INT_1           ;转向外部中断 1 服务程序
ORG  001BH
LJMP T_1             ;转向定时/计数器 T1 服务程序
ORG  0023H
LJMP UART            ;转向串行口中断服务程序
MAIN:… …             ;主程序
```

2. 中断处理

中断处理过程一般可以分为保护现场、执行中断服务程序和恢复现场 3 个过程。

（1）保护现场。

如果主程序和中断服务程序都用到了 A、PSW、DPTR 等一些寄存器，这时执行中断服务程序，将会改变这些寄存器之前的内容，结束中断服务程序返回主程序后，由于这些寄存器的内容被改变了，将会导致主程序运行出错，因此，在执行中断服务程序前需要将这些数据保存起来，压入堆栈中，以免返回主程序时出现错误。

（2）执行中断服务程序。

中断服务程序的内容是申请中断的目的，要求 CPU 完成的处理。

（3）恢复现场。

恢复现场和保护现场相对应，返回主程序前需要将保护现场过程中压入堆栈的相关寄存器的数据从堆栈中弹出，以保证返回主程序后能正确执行。

提 示

保护和恢复现场不是中断处理的必须部分，可以不进行保护和恢复现场，但是有保护现场就必须有恢复现场。

3. 中断返回

中断服务程序的最后一条指令必须是中断返回指令 RETI。CPU 执行这条指令后，将恢复断点地址，将压入堆栈中的断点地址弹出到 PC 中；开放同级中断，允许同级中断源申请中断。

五、堆栈操作指令

用于堆栈操作的命令有两条，即入栈指令 PUSH、出栈指令 POP，如图 4-9 所示。

表 4-9 堆栈操作指令

指令	指令功能说明	字节数	周期数
PUSH direct	SP←SP+1，（SP）←（direct）	1	2
POP direct	（direct）←（SP），SP←SP-1	1	2

单片机的堆栈主要用于子程序调用和中断时保护断点和保护现场，MCS-51 系列单片机的堆栈是向上增长型，堆栈数据进出遵循先入后出、后入先出的原则，栈指针 SP 始终指向

栈顶。

PUSH 是入栈指令，进栈时栈指针 SP 先加 1，然后再将指定的直接地址单元中的数据压入堆栈。

POP 是出栈指令，出栈时先将栈指针 SP 所指向单元中的数据弹出到指定的内部 RAM 直接地址中，然后栈指针 SP 再减 1。

提 示

累加器 A 入栈出栈时应使用 PUSH ACC 和 POP ACC，而不能用 PUSH A 和 POP A，因为 A 不是直接地址。

栈指针 SP 复位后为 07H，为了保证程序正常运行，通常将栈指针 SP 设置在内部 RAM（60H），以避开工作寄存器区和位寻址区，如堆栈深度不够，栈指针可下移。当中断系统不使用 1～3 组工作寄存器和位寻址区时，SP 可维持不变。

【例 4-6】中断中对 DPTR、A、PSW 进行保护和恢复。

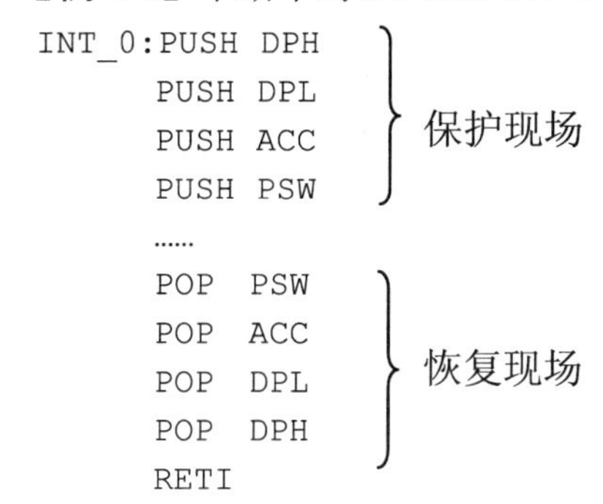

```
INT_0:PUSH DPH   ┐
      PUSH DPL   │
      PUSH ACC   │ 保护现场
      PUSH PSW   ┘
      ......
      POP  PSW   ┐
      POP  ACC   │
      POP  DPL   │ 恢复现场
      POP  DPH   ┘
      RETI
```

保护和恢复现场时遵循堆栈先入后出、后入先出的原则，DPTR 是 16 位的数据指针，分为高 8 位 DPH 和低 8 位 DPL，因此 DPTR 入栈和出栈时需要对高、低 8 位分别进行操作。

六、中断控制扫描方式键盘的设计

在项目六中的独立式键盘和项目七中的行列式键盘的键盘扫描采用的都是查询扫描方式。查询扫描方式是在主程序中固定的位置安排调用键盘扫描程序，查询是否有按键按下，当有按键按下时判断是哪个按键按下，并响应按键按下对应的操作；当没有按键按下时跳出键盘扫描程序。这种方式的缺点是调用键盘扫描程序间隔不宜太久，否则会造成按键无响应或响应不及时的问题。

在外部中断源有空余的情况下，可以将键盘扫描设置为中断控制扫描方式，这种方式在无按键按下时，不会对键盘进行扫描，提高了 CPU 效率；当有按键按下时会产生中断，在中断服务程序中进行键盘扫描，判断是哪个按键按下，并响应按键对应的操作。这种方式能够克服查询方式中按键响应不及时的问题，如图 4-15 所示。

对于图 4-15（a），将 I/O 口 P0.0、P0.1、P0.2 分别连接至与门输入端，与门输出端连接 $\overline{\text{INT0}}$。当无按键按下时，与门输出端为 1，无中断请求；当任意按键按下时，对应的与门输入端为 0，与门输出端也就为 0，通过 $\overline{\text{INT0}}$ 申请中断。图 4-15（b）将行线分别连接与门输入端，与门输出端连接 $\overline{\text{INT0}}$，并在程序中设置行线为高电平作为输入，列线为低电平作为输出。当无按键按下时，与门输出端为 1，无中断请求；当有按键按下时，相应的行线出现低电平，与门输出端就为 0，通过 $\overline{\text{INT0}}$ 申请中断。

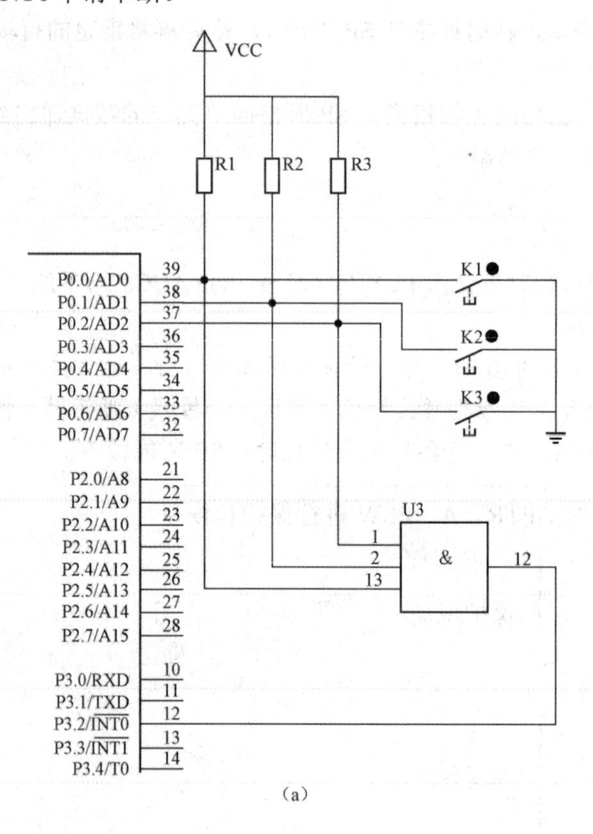

（a）

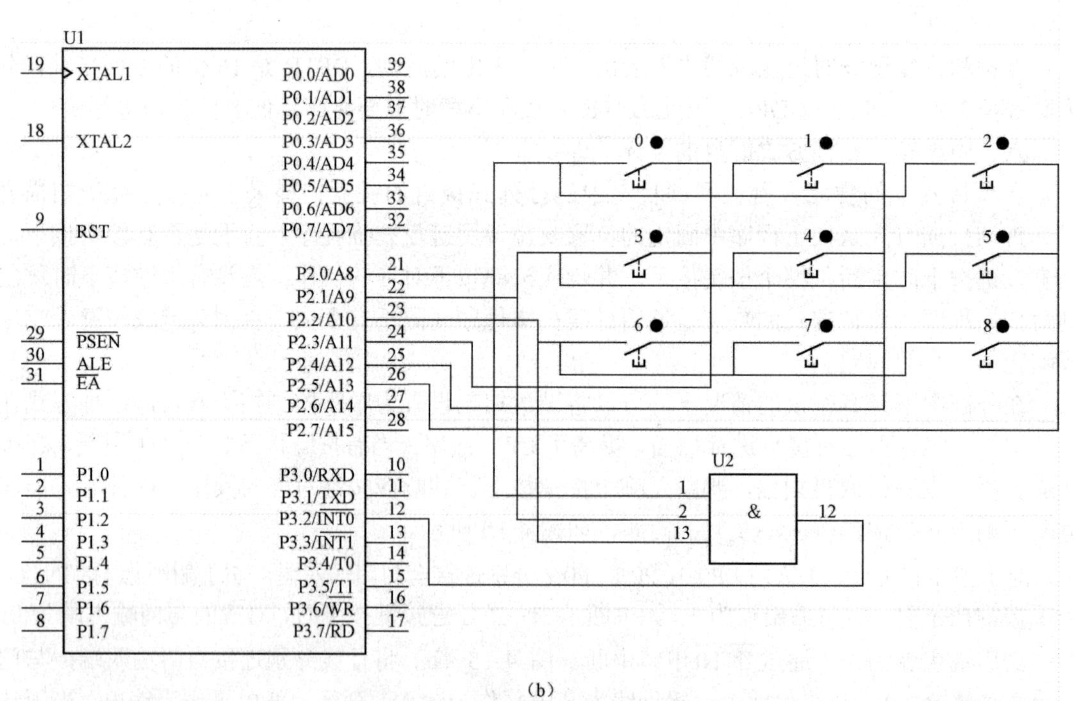

（b）

图 4-15 中断方式键盘结构

七、外部中断的初始化

MCS-51 系列单片机的外部中断是通过特殊功能寄存器 TCON、IE、IP 统一管理的，中断初始化是指用户对这些特殊功能寄存器的设置，初始化通常放在主程序中。

外部中断初始化步骤如下：

（1）开放相应中断源的中断。

（2）设定中断源的中断优先级。

（3）设定外部中断的触发方式。

【例 4-7】 设置允许外部中断 $\overline{\text{INT0}}$、$\overline{\text{INT1}}$ 中断，$\overline{\text{INT1}}$ 为高优先级，$\overline{\text{INT0}}$ 为下降沿触发。

汇编语言：
```
MOV IE,#85H
MOV IP,#04H
SETB IT0
```

C 语言：
```
IE=0x85;
IP=0x04;
IT0=1;
```

八、C 语言中断函数的使用

C 语言中断函数一般形式：

```
void  函数名() interrupt x  using y
                  {
                  中断服务程序
                  }
```

中断发生后，中断函数被自动调用，中断函数没有返回值，也没有函数参数。

函数名后加 interrupt 将函数定义为中断函数，x 为中断号，编译时会根据中断号找到中断程序的入口地址，x 的值为 0～4，具体如下：

interrupt 0 表示外部中断 $\overline{\text{INT0}}$，入口地址为 0x0003。

interrupt 1 表示定时/计数器 T0，入口地址为 0x000B。

interrupt 2 表示外部中断 $\overline{\text{INT1}}$，入口地址为 0x0013。

interrupt 3 表示定时/计数器 T1，入口地址为 0x001B。

interrupt 4 表示串行口中断，入口地址为 0x0023。

using y 表示中断函数使用的是哪组工作寄存器，y 的值为 0～3，具体如下：

using 0 表示使用工作寄存器 0 组。

using 1 表示使用工作寄存器 1 组。

using 2 表示使用工作寄存器 2 组。

using 3 表示使用工作寄存器 3 组。

using y 可以省略，当 using y 省略后，编译时将所有的工作寄存器压入堆栈中。

提 示

使用 interrupt 将函数定义位中断函数后，在编译时会将 ACC、B、PSW 和 DPTR 压入堆栈中进行现场保护，在退出中断函数时将所有压入堆栈的数据恢复。

九、项目拓展练习

1．将项目八中的独立式键盘的查询扫描方式改为中断控制扫描方式。

2．将项目九中的行列式键盘的查询扫描方式改为中断控制扫描方式。

任务十　定时/计数器应用

项目十一　定时器应用——电子秒表的设计

项目描述　MCS-51 单片机具有两个 16 位的定时/计数器，定时/计数器是单片机的重要组成部分。单片机的定时/计数器具有定时和计数两个功能，本项目利用定时功能实现电子秒表的设计。

项目目的　了解定时器的工作原理，掌握单片机定时器的初始化设置，理解电子秒表的工作原理。

1．设计要求

设计四位的电子秒表，从右向左依次是百分之一秒、十分之一秒、秒的个位和秒的十位，按键具有启动、停止、清零的功能。

2．硬件设计

电子秒表仿真原理图如图 4-16 所示。

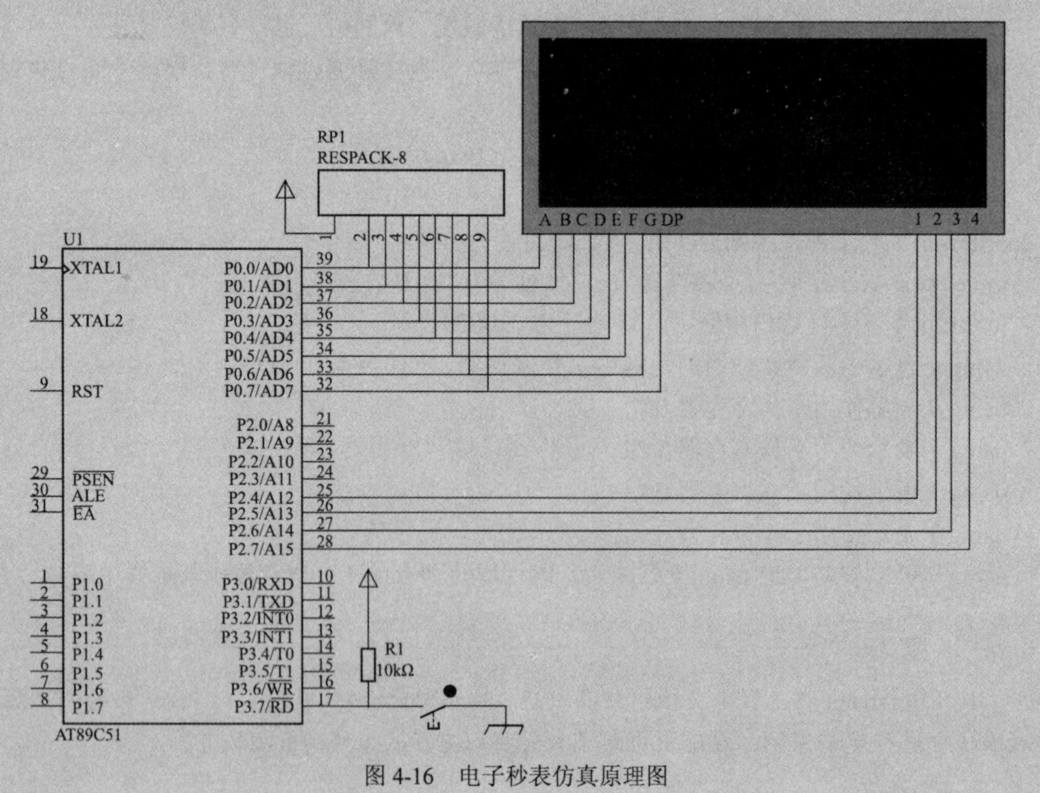

图 4-16　电子秒表仿真原理图

3. 软件设计

汇编程序：

```
;-----------------------定义字节----------------------------
          DOT   EQU   30H
          SEC   EQU   31H
          DOT_L EQU   32H
          DOT_H EQU   33H
          SEC_L EQU   34H
          SEC_H EQU   35H
          ORG   0000H
          AJMP  MAIN
          ORG   000BH                //定时器 T0 中断入口
          AJMP  T_0
;-----------------------初始化----------------------------
          ORG   0030H
MAIN:     MOV SP,#60H                //定义堆栈指针
          MOV IE,#10000010B          //允许 T0 中断
          MOV TMOD,#00000001B        //设定 T0 工作方式
          MOV TH0,#0D8H              //装入初值
          MOV TL0,#0F0H
          MOV DPTR,#TAB              //指针 DPTR 指向字段码表

;-----------------------键盘扫描----------------------------
KEY:      JNB P3.7,LOP1
          SJMP LOP3
LOP1:     JB P3.7,STA
          ACALL DISPLAY              //按键按住时正常显示
          SJMP LOP1
STA:      INC R2                     //按键次数加 1
          CJNE R2,#1,STOP
          SETB TR0                   //按键按下一次启动秒表
          SJMP LOP3
STOP:     CJNE R2,#2,RES
          CLR  TR0                   //按键按下两次停止秒表
          SJMP LOP3
RES:      MOV SEC,#00H               //按键按下三次清零秒表
          MOV DOT,#00H
          MOV DOT_L,#00H
          MOV DOT_H,#00H
          MOV SEC_L,#00H
          MOV SEC_H,#00H
          MOV R2,#0
LOP3:     ACALL DISPLAY
          AJMP KEY
;-----------------------显示子程序----------------------------
DISPLAY:  MOV R0,#DOT_L
          MOV R1,#7FH
DIS:      MOV  P2,R1
          MOV  A,@R0
          MOVC A,@A+DPTR
```

```
        CJNE R1,#0DFH,NEXT
        ORL  A,#80H                  //显示小数点
NEXT:   MOV  P0,A
        ACALL DELAY1MS
        MOV  P0,#00H
        INC  R0
        MOV  A,R1
        RR   A
        MOV  R1,A
        CJNE A,#0F7H,DIS
        RET
;-----------------------T0 中断服务程序-----------------------------
T_0:    PUSH ACC                     //保护现场
        MOV A,DOT
        MOV B,#10
        DIV AB
        MOV DOT_H,A
        MOV DOT_L,B
        MOV A,SEC
        MOV B,#10
        DIV AB
        MOV SEC_H,A
        MOV SEC_L,B
        MOV TH0,#0D8H
        MOV TL0,#0F0H
        INC DOT
        MOV A,DOT
        CJNE A,#100,QUIT
        MOV DOT,#00H
        INC SEC
        MOV A,SEC
        CJNE A,#100,QUIT
        MOV SEC,#00H
QUIT:   POP ACC                      //恢复现场
        RETI                         //中断返回
;-----------------------1ms 延时程序-----------------------------
DELAY1MS: MOV R5,#2
DELAY:  MOV R6,#250
        DJNZ R6,$
        DJNZ R5,DELAY
        RET
;-----------------------共阴数码管字段码---------------------------
TAB:DB 3fH,06H,5bH,4fH,66H,6dH,7dH,07H,7fH,6fH,77H,7cH,39H,5eH,79H,71H
END
```

C 程序：

```
#include<reg51.h>
#define uchar unsigned char
#define uint  unsigned int
sbit   k1=P3^7;
uint num,qian,bai,shi,ge;
```

```
uchar code table[]={0x3f,0x06,0x5b,0x4f,
                    0x66,0x6d,0x7d,0x07,
                    0x7f,0x6f,0x77,0x7c,
                    0x39,0x5e,0x79,0x71};
void delay(uint);
void display();
void key();
main()
{
IE=0x82;
TMOD=0x01;
TH0=(65536-10000)/256;
TL0=(65536-10000)%256;
while(1)
        {
        key();
        display();
        }
}
void key()
{
uchar a;
if(k1==0)
        {
        while(k1==0) display();
        a++;
        }
switch(a)
        {
         case 1:TR0=1;break;
         case 2:TR0=0;break;
         case 3:num=0;ge=0;shi=0;bai=0;qian=0;a=0;break;
         default:break;
        }
}
void T1_time() interrupt 1
{
TH0=(65536-10000)/256;
TL0=(65536-10000)%256;
num++;
if(num==10000)
num=0;
qian=num/1000;
bai=num%1000/100;
```

```
shi=num%1000%100/10;
ge=num%1000%100%10;
}
void display()
{
P2=0x7f;
P0=table[ge];
delay(1);
P2=0xff;
P2=0xbf;
P0=table[shi];
delay(1);
P2=0xff;
P2=0xdf;
P0=table[bai];
P0=P0|0x80;
delay(1);
P2=0xff;
P2=0xef;
P0=table[qian];
delay(1);
P2=0xff;
}
void delay(uint x)
{
uint i,j;
for(i=x;i>0;i--)
for(j=110;j>0;j--);
}
```

项目十二 计数器应用——模拟停车场车位显示系统设计

项目描述 停车场剩余车位显示将会对寻找停车位的驾驶员提供重要的信息，本项目我们采用单片机的计数器模拟停车场车位显示系统的设计。

项目目的 了解计数器的工作原理，掌握单片机计数器的初始化设置。

1. 设计要求

四位数码管显示停车场剩余车位数，设定停车场车位为150。P3.4模拟车辆出停车场感应信号，P3.5模拟车辆进入停车场感应信号，当车辆进出时，数码管显示车位数发生变化。

2. 硬件设计

车位显示仿真原理图如图4-17所示。

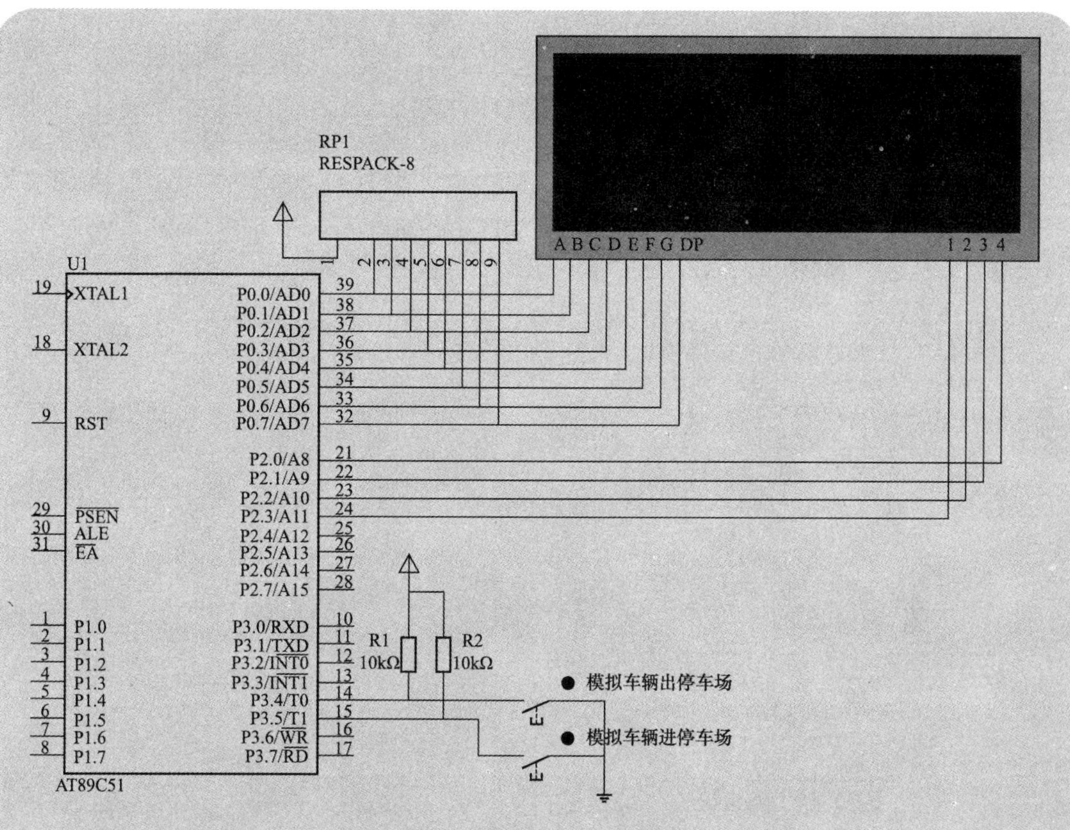

图 4-17 车位显示仿真原理图

3. 软件设计

汇编程序：

```
;T0 模拟车辆出停车场传感器输入脉冲信号,每出一辆车显示空余车位加 1
;T1 模拟车辆进停车场传感器输入脉冲信号,每进一辆车显示空余车位减 1
G_E       EQU       30H
SHI       EQU       31H
BAI       EQU       32H
ORG         0000H
AJMP        MAIN
ORG         001BH
AJMP        T_1
ORG         0030H

MAIN:       MOV IE,#10001000B          ;允许 T1 中断
            MOV TMOD,#01100110B        ;设置定时/计数器的工作方式
            MOV TL1,#0FFH              ;装入计数初值
            MOV TH1,#0FFH
            MOV TH0,#00H
            MOV TL0,#5
            MOV DPTR,#TAB              ;指针指向字段码表格首地址
LOP:        MOV A,TL0
            CJNE A,#150,LOP1           ;判断停车场是否为空
            CLR TR0
```

```
            AJMP LOP3
LOP1:       SETB TR0
            CJNE A,#0,LOP2          ;判断停车场是否已满
            CLR TR1
            AJMP LOP3
LOP2:       SETB TR1
LOP3:       ACALL DISPLAY           ;调用显示子程序
            AJMP LOP

;--------------------拆分显示内容----------------------------
DISPLAY:   MOV A,TL0
           MOV B,#100
           DIV AB
           MOV BAI,A
           MOV A,B
           MOV B,#10
           DIV AB
           MOV SHI,A
           MOV G_E,B
           MOV A,G_E
;----------------------按位显示------------------------------
           MOVC A,@A+DPTR
           MOV P0,A
           MOV P2,#0FEH
           ACALL DELAY1
           MOV P0,#00H
           MOV A,SHI
           MOVC A,@A+DPTR
           MOV P0,A
           MOV P2,#0FDH
           ACALL DELAY1
           MOV P0,#00H
           MOV A,BAI
           MOVC A,@A+DPTR
           MOV P0,A
           MOV P2,#0FBH
           ACALL DELAY1
           MOV P0,#00H
           RET
;----------------------------T1 中断服务程序------------------------------
T_1:        MOV A,TL0
            DEC A
            MOV TL0,A
            RETI

;----------------------------1MS 延时子程序------------------------------
DELAY1:     MOV R5,#2
DELAY:      MOV R6,#250
            DJNZ R6,$
            DJNZ R5,DELAY
            RET

;--------------------------------字段码--------------------------------
```

```
TAB:DB 3FH,06H,5BH,4FH,66H,6DH,7DH,07H,7FH,6FH,77H,7CH,39H,5EH,79H,71H
END
```

C 程序:

```
//T0 模拟车辆出停车场传感器输入脉冲信号,每出一辆车显示空余车位加 1
//T1 模拟车辆进停车场传感器输入脉冲信号,每进一辆车显示空余车位减 1

#include<reg51.h>
#define uchar unsigned char
#define uint  unsigned int
uchar code table[]={0x3f,0x06,0x5b,0x4f,
                    0x66,0x6d,0x7d,0x07,
                    0x7f,0x6f,0x77,0x7c,
                    0x39,0x5e,0x79,0x71};
/*-----------------------------------
           函数声明
-----------------------------------*/
void display();
void delay(uint);
/*-----------------------------------
           主函数
-----------------------------------*/
main()
{
IE=0x88;                                      //允许 T1 中断
TMOD=0x66;                                    //设置定时/计数器的工作方式
TH0=0x00;                                     //装入计数初值
TL0=141;
TH1=0xff;
TL1=0xff;
while(1)
               {
               if(TL0==0)   TR1=0;            //判断停车场是否为空
               else          TR1=1;
               if(TL0==150) TR0=0;            //判断停车场是否已满
               else         TR0=1;
               display();                     //调用显示子函数
               }
}
/*-----------------------------------
          显示子函数
-----------------------------------*/
void display()
{
P0=table[TL0%100%10];
P2=0xfe;
delay(1);
P0=0x00;
P0=table[TL0%100/10];
P2=0xfd;
```

```
delay(1);
P0=0x00;
P0=table[TL0/100];
P2=0xfb;
delay(1);
P0=0x00;
}
/*---------------------------------
        T1 中断服务程序
---------------------------------*/
void T_1() interrupt 3
{
TL0--;
}
/*---------------------------------
       延时子函数
---------------------------------*/
void delay(uint x)
{
uint i,j;
for(i=x;i>0;i--)
        for(j=110;j>0;j--);
}
```

一、MCS-51 单片机的定时/计数器

在单片机系统中，经常会遇到定时控制和对外部脉冲进行计数操作。MCS-51 单片机内部有两个 16 位可编程的定时/计数器，它们既可用作定时器，也可用作计数器。

1. 定时/计数器结构

由图 4-18 可以看出，每个 16 位的定时/计数器均由两个 8 位专用寄存器组成。定时/计数器 T0 由 TH0 和 TL0 组成，定时/计数器 T1 由 TH1 和 TL1 组成。定时/计数器工作方式控制寄存器（TMOD）用来设置定时/计数器的功能和工作方式，TCON 的高 4 位用来锁存 T0 和 T1 的溢出中断标志和控制 T0、T1 的启动、停止。

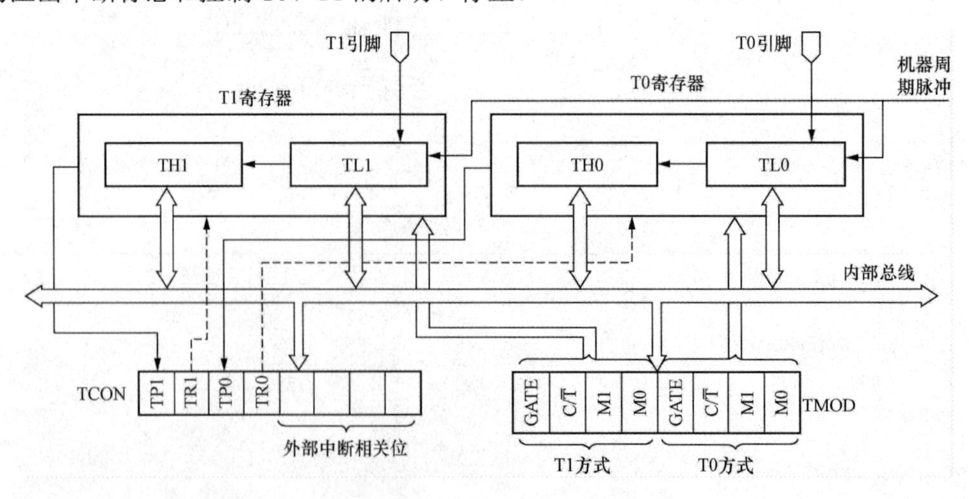

图 4-18 定时/计数器结构图

2. 定时/计数器工作原理

MCS-51 单片机定时/计数器的本质是一个加 1 的计数器，每来一个脉冲，计数器中的数值就加 1。如图 4-18 所示定时/计数器有两个输入脉冲，一个是内部机器周期脉冲，一个是 T0 或 T1 引脚输入的外部脉冲。

当定时/计数器作为定时器使用时，是对单片机内部机器周期脉冲进行计数，每个机器周期计数器加 1，定时时间为机器周期乘以计数值。

当定时/计数器作为计数器使用时，是对单片机外部引脚 T0（P3.4）或 T1（P3.5）上输入的外部脉冲下降沿进行计数。当 CPU 在第一个机器周期内检测到引脚为 1，而在第二个机器周期内检测到的引脚为 0，确认脉冲信号有效，计数器加 1。因为检测一次脉冲下降沿需要两个机器周期，因此，外部脉冲的最高频率不能超过时钟频率的 1/24。

当计数器全部为 1 时，再输入一个脉冲信号计数器就将清零，并且产生溢出中断标志，向 CPU 发出中断请求。

二、定时/计数器的控制寄存器

MCS-51 单片机的定时/计数器中涉及 TCON、TMOD 两个特殊功能寄存器。

1. TCON

TCON 的高 4 位用于单片机的定时/计数器，TF0 和 TF1 在中断系统中已经进行过介绍，分别是 T0 和 T1 的溢出中断标志位。TCON 具体各位地址和位名称如表 4-10 所示。

表 4-10　　TCON 具体各位地址和位名称

位号	D7	D6	D5	D4	D3	D2	D1	D0
位地址	8FH	8EH	8DH	8CH	8BH	8AH	89H	88H
位名称	TF1	TR1	TF0	TR0	IE1	IT1	IE0	IT0

TR0：定时/计数器 T0 的启动、停止控制位。TR0=1 时，T0 启动；TR0=0 时，T0 停止。

TR1：定时/计数器 T1 的启动、停止控制位。TR1=1 时，T1 启动；TR1=0 时，T1 停止。

2. TMOD

TMOD 用于设置定时/计数器的工作方式，高 4 位用于控制 T1，低 4 位用于控制 T0，TMOD 字节地址为 89H，不可进行位寻址。单片机复位时，TMOD 的各位均被清零，具体的各位名称和功能如表 4-11 所示。

表 4-11　　TMOD 具体各位名称和功能

<table>
<tr><td></td><td colspan="4">控制 T1</td><td colspan="4">控制 T0</td></tr>
<tr><td>位名称</td><td>GATE</td><td>$C/\overline{T}$</td><td>M1</td><td>M0</td><td>GATE</td><td>$C/\overline{T}$</td><td>M1</td><td>M0</td></tr>
<tr><td>功能</td><td>门控位</td><td>定时/计数方式选择</td><td colspan="2">工作方式选择</td><td>门控位</td><td>定时/计数方式选择</td><td colspan="2">工作方式选择</td></tr>
</table>

M1M0：工作方式选择位。MCS-51 单片机有 4 种工作方式，由 M1M0 进行选择。定时/计数器的 4 种工作方式如表 4-12 所示。

表 4-12　定时/计数器的 4 种工作方式

M1M0	工作方式	功　　能
00	方式 0	13 位定时/计数器
01	方式 1	16 位定时/计数器
10	方式 2	8 位自动重装初值定时/计数器
11	方式 3	T0 分为两个独立的 8 位计数器，T1 停止计数

$C/\overline{T}$：定时、计数方式选择位。

$C/\overline{T}=0$ 为定时工作模式。

$C/\overline{T}=1$ 为计数工作模式。

GATE：门控位。

GATE=0，定时/计数器只受 TR0 和 TR1 的控制，只要通过软件使 TR0、TR1 置 1，就可以启动定时/计数器。

GATE=1，定时/计数器除了使 TR0、TR1 置 1 外，还必须使外部引脚 $\overline{\text{INT0}}$、$\overline{\text{INT1}}$ 为高电平时，才能启动定时/计数器。

三、定时/计数器的工作方式

通过 TMOD 的 M1M0 可以选择定时/计数器的 4 种工作方式，T0 和 T1 前 3 种工作方式相同，但 T1 没有工作方式 3，下面以 T0 为例介绍 4 种工作方式。

1. 工作方式 0

当 M1M0 设置为 00 时，定时/计数器 T0 选定工作方式 0，工作原理如图 4-19 所示。在这种方式下，由 TH0 的 8 位和 TL0 的低 5 位组成一个 13 位计数器，TL0 的高 3 位未用。TL0 的低 5 位计数值满时，跳过高 3 位，直接向 TH0 进位，当 13 位全满时，再计数 1 次，13 位计数器溢出，13 位计数器清零，并且溢出中断标志 TF0 置 1。

13 位计数器的最大计数值为 $2^{13}=8192$，若振荡器的时钟频率 $f_{OSC}=12\text{MHz}$ 时，机器周期为 1μs，方式 0 最大的定时时间为 8192μs。

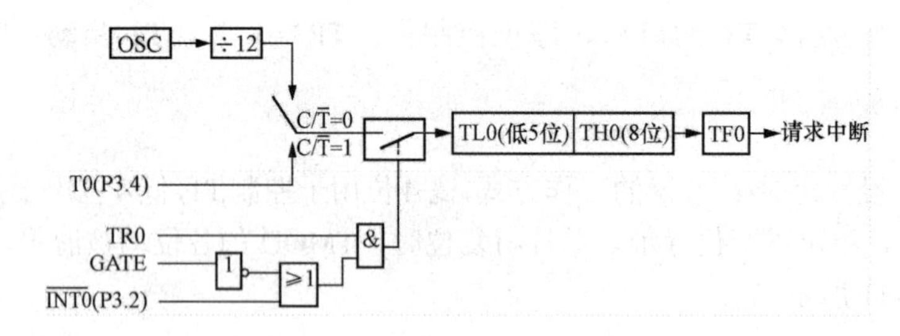

图 4-19　T0 工作方式 0 工作原理图

2. 工作方式 1

当 M1M0 设置为 01 时，定时/计数器 T0 选定工作方式 1，工作原理如图 4-20 所示。在这种方式下，由 TH0 的 8 位和 TL0 的 8 位组成一个 16 位计数器。当 16 位计数满溢出时，16 位计数器清零，TF0 置 1。

16 位计数器的最大计数值为 $2^{16}=65536$，若振荡器的时钟频率 $f_{OSC}=12\text{MHz}$ 时，机器周期为 1μs，方式 1 最大的定时时间为 65536μs。

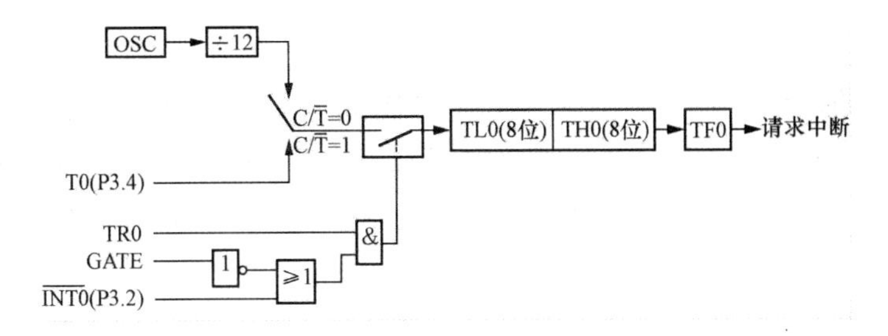

图 4-20　T0 工作方式 1 工作原理图

3. 工作方式 2

当 M1M0 设置为 10 时，定时/计数器 T0 选定工作方式 2，工作原理如图 4-21 所示。在这种工作方式下，T0 是一个能自动重装初值的 8 位定时/计数器，TL0 作为 8 位计数器，TH0 保存计数初值。当 TL0 计数已满产生溢出时，TL0 清零，并且 TF0 置 1，同时将 TH0 中的初值自动装入 TL0。

8 位计数器的最大计数值为 $2^8=256$，若振荡器的时钟频率 f_{OSC}=12MHz 时，机器周期为 1μs，方式 2 最大的定时时间为 256μs。

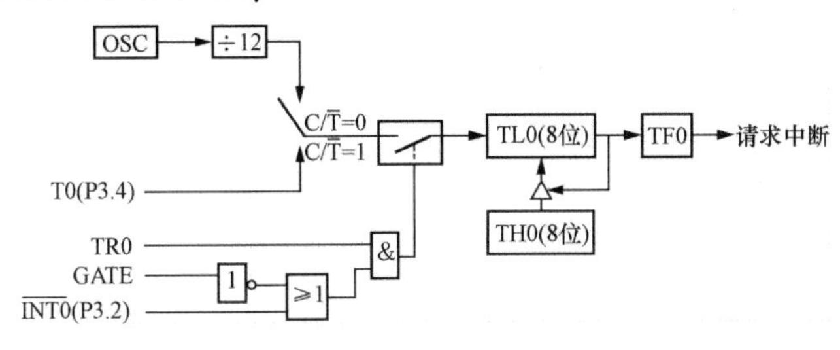

图 4-21　T0 工作方式 2 工作原理图

方式 2 的优点是能够自动重装初值，这是方式 0 和方式 1 所不具备的，方式 0 和方式 1 溢出后计数器被清零，想要恢复初值，必须通过程序再次给 TH0、TL0 装入初值。方式 2 的缺点是计数范围小。因此，方式 2 适用于需要自动恢复初值，并且计数范围小的场合。

4. 工作方式 3

当 M1M0 设置为 11 时，定时/计数器 T0 选定工作方式 3，工作原理如图 4-22 所示。在这种工作方式下，T0 被拆分为两个独立的 8 位定时/计数器。

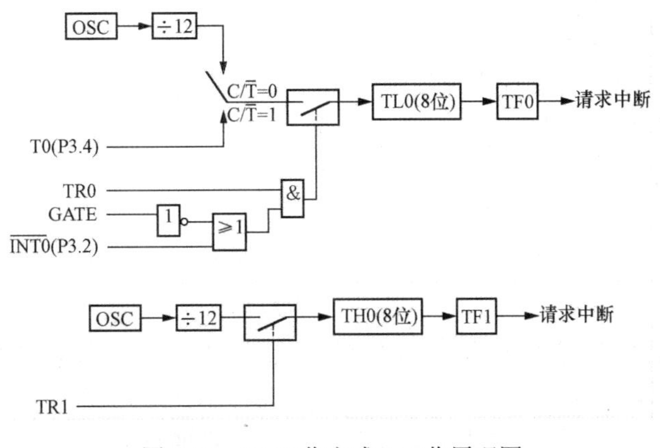

图 4-22　T0 工作方式 3 工作原理图

TL0 使用 T0 原有的控制位 TF0、TR0、GATE、C/$\overline{\mathrm{T}}$、$\overline{\mathrm{INT0}}$，可以作为 8 位定时/计数器。

TH0 使用 T1 的控制位 TR1 和 TF1，只能对片内机器周期脉冲计数，作为 8 位定时器使用。

当 T0 工作在方式 3 时，T1 仍可设置为工作方式 0、方式 1 或方式 2，定时、计数方式选择位 C/$\overline{\mathrm{T}}$ 仍可选择 T1 工作在定时模式或计数模式。此时，由于缺少了 TF1 和 TR1，当计数溢出时，只能将输出送往串行口，作为串行口波特率发生器。T0 工作在方式 3 时 T1 的 3 种工作方式如图 4-23 所示。

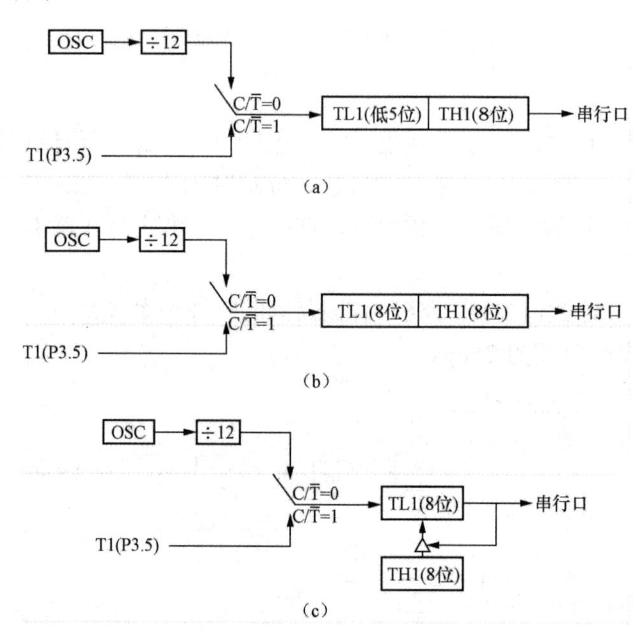

图 4-23　T0 工作在方式 3 时 T1 的 3 种工作方式

工作方式 0 和工作方式 1 很相似，它们的区别在于方式 0 是 13 位而方式 1 是 16 位。在方式选择时一般不用方式 0，方式 1 可完全取代方式 0。因为方式 0 计数范围比方式 1 小，而且初值的计算比方式 0 麻烦。

四、定时/计数器的初始化

1. 定时、计数初值的计算

定时/计数器使用前，需要预先设定定时/计数器的初值。

在计数工作模式下，计数初值的计算公式为

$$T_{初}=2^n-N \tag{4-1}$$

其中，n 为计数器的位数（n=8，13，16），N 为要求的计数值。

在定时工作模式下，计数初值的计算公式为

$$T_{初}=2^n-T/T_c \tag{4-2}$$

其中，n 为计数器的位数，T 为要求的定时时间，T_c 为单片机的机器周期。

2. 初始化的步骤

MCS-51 单片机的定时/计数器使用前，需要根据工作要求对 TMOD、TCON 进行初始化。

初始化的一般步骤如下：

（1）根据工作要求确定定时/计数器的工作模式（定时器、计数器）、工作方式（方式 0、方式 1、方式 2、方式 3）以及启动控制方式（只受 TR0、TR1 控制或者同时受 TR0、$\overline{\text{INT0}}$或 TR1、$\overline{\text{INT1}}$控制），然后将控制字写入 TMOD。

（2）根据工作要求计算出定时、计数器的初值，并将计数初值写入相应的计数器。

（3）如需要采用中断方式，则进行相关中断的初始化设置。

（4）启动定时/计数器。

3. 应用举例

【例 4-8】如图 4-24 所示已知 f_{OSC}=12MHz，利用定时器 T0 工作在方式 1，使 P3.0 的 LED 每隔 0.5s 状态取反，分别用中断方式和查询方式编程。

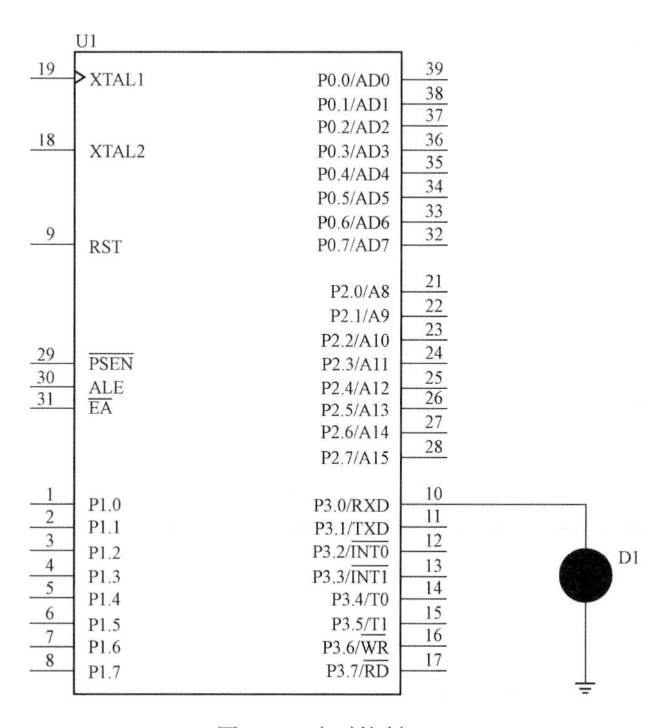

图 4-24　定时控制 LED

解　查询方式是指不通过中断系统，靠程序设计检查溢出中断标志是否为 1，当溢出中断标志为 1 时，表明定时时间到，在进入下一步操作前需要手动将溢出中断标志清零。

当 f_{OSC}=12MHz 时，T0 工作方式 1 的最大定时时间为 65536μs,很明显不可能实现 0.5s 的定时，这时可以将定时时间设置为 50000μs，定时 10 次就是 0.5s。

方式 1 定时 50000μs 的初值

$$T_{初}=2^{16}-50000/1=65536-50000=15536=3CB0H$$

TH0=3CH，TLO=0B0H，方式 1 不能自动恢复初值，需要手动重装初值。

中断方式：

汇编程序：

```
ORG  0000H
```

```
AJMP MAIN
ORG  000BH
AJMP T_0
MAIN:MOV IE,#82H          ;允许 T0 中断
     MOV TMOD,#01H        ;设置 T0 做定时器使用,工作于方式 1
     MOV TH0,#3CH         ;装入初值
     MOV TL0,#0B0H        ;装入初值
     MOV R0,#10           ;设置循环次数
     SETB TR0             ;启动定时器 T0
     SJMP $               ;等待中断
T_0: MOV TH0,#3CH         ;50000μs 时间到进入中断服务程序
     MOV TL0,#0B0H        ;手动装入初值
     DJNZ R0,OVER         ;没到 0.5s 中断结束
     MOV R0,#10           ;到 0.5s 再次设置循环次数
     CPL P3.0             ;P3.0 状态取反
OVER:RETI                 ;中断返回
     END
```

C 程序:

```
#include<reg51.h>
sbit led=P3^0;            //定义 led 等于 P3.0
char i;                   //定义变量 i 作为定时次数
main()
{
IE=0x82;                  //允许 T0 中断
TMOD=0x01;                //设置 T0 做定时器使用,工作于方式 1
TH0=(65536-50000)/256;    //装入初值
TL0=(65536-50000)%256;    //装入初值
TR0=1;                    //启动定时器 T0
while(1);                 //等待中断
}
void t_0() interrupt 1
{
TH0=(65536-50000)/256;    //50000μs 时间到进入中断服务程序
TL0=(65536-50000)%256;    //手动装入初值
i++;                      //进入定时中断次数
if(i==10)                 //判断是否到 0.5s
   {
   i=0;                   //清除进入定时中断次数
   led=!led;              //LED 状态取反
   }
}
```

查询方式:

汇编程序：

```
ORG  0000H
MAIN:MOV TMOD,#01H
     MOV TH0,#3CH
     MOV TL0,#0B0H
     MOV R0,#10
     SETB TR0
LOOP:JNB TF0,$                          ;检查溢出中断标志是否为 1，不为 1 等待
     CLR TF0                            ;50000μs 时间到，清除溢出中断标志
     MOV TH0,#3CH
     MOV TL0,#0B0H
     DJNZ R0,OVER
     MOV R0,#10
     CPL P3.0
OVER:AJMP LOOP
     END
```

C 程序：

```
#include<reg51.h>
sbit led=P3^0;
char i;
main()
{
TMOD=0x01;
TH0=(65536-50000)/256;
TL0=(65536-50000)%254;
TR0=1;
while(1)
{
   if(TF0==1)                           //检查溢出中断标志是否为 1
         {
         TF0=0;                         //清除中断标志
         TH0=(65536-50000)/256;         //装入定时初值
         TL0=(65536-50000)%254;
         i++;
         if(i==10)                      //判断是否到 0.5s
              {
              i=0;                      //到 0.5s 定时次数清零
              led=!led;                 //LED 状态取反
              }
         }
   }
}
```

【例 4-9】 如图 4-25 所示利用定时器 T1 工作在方式 2 作为计时器使用，当 P3.4 的按键每按三次时，BCD 数码管显示数值加 1。

解 工作方式 2 计数次数为 3，计数初值

$$T_{初}=2^8-3=256-3=253=FDH$$

方式 2 能够自动重装初值，TH1=FDH,TL1=FDH

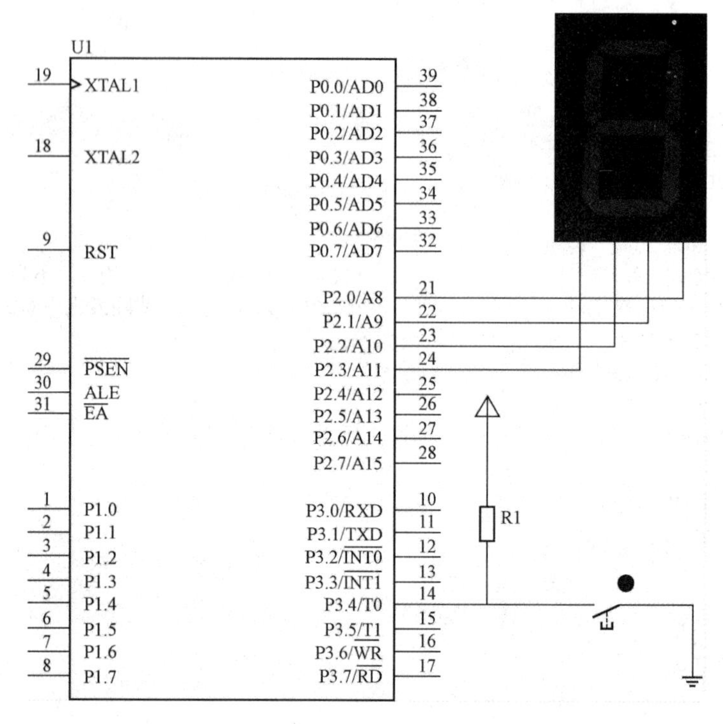

图 4-25 按键计数

汇编程序：

```
ORG  0000H
AJMP MAIN
ORG  001BH
AJMP T_1
MAIN:MOV IE,#88H                 ;允许 T1 中断
     MOV TMOD,#60H               ;T1 作为计数器工作在方式 2
     MOV TH1,#0FDH               ;装入初值
     MOV TL1,#0FDH               ;装入初值
     SETB TR1                    ;启动定时器 T1
     MOV P2,#00H                 ;数码管显示 0
     SJMP $                      ;等待计数中断
T_1: INC  A                      ;显示数值加 1
     MOV  P2,A                   ;送 P2 显示
     RETI                        ;中断返回
     END
```

C 程序：

```
#include<reg51.h>
char a;                          //定义变量 a 为显示数据
main()
{
IE=0x88;                         //允许 T1 中断
TMOD=0x60;                       //T1 作为计数器工作在方式 2
TH1=0xfd;                        //装入初值
TL1=0xfd;                        //装入初值
```

```
P2=0x00;                    //显示 0
TR1=1;                      //启动 T1
while(1);
}
void t_1() interrupt 3
{
a++;                        //显示数值加 1
P2=a;                       //送显示
}
```

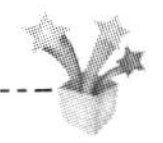

提 示

MCS-51 系列单片机中只有两个外部中断源，当需要两个以上的外部中断源时，定时/计数器可以扩展成外部中断使用，如项目十的 T1。将定时/计数器 T0 或 T1 设置为计数工作模式，工作在方式 2，将计数初值和重装初值都设为 FFH，当 T0、T1 信号由高电平跳变为低电平时，该定时/计数器溢出，溢出中断标志为 1，申请中断，并且自动恢复初值，此时，T0、T1 相当于外部中断。

【例 4-10】 已知 f_{OSC}=12MHz，利用定时/计数器 T0 测量 $\overline{INT0}$ 引脚上出现的正脉冲宽度，将测量到的值存入指定单元中。

解 根据前面的内容，我们知道当 TMOD 中的门控位 GATE 为 1 时，启动定时/计数器要求 TR0、$\overline{INT0}$ 或 TR1、$\overline{INT1}$ 同时为 1。利用这个特点可以测量 $\overline{INT0}$、$\overline{INT1}$ 引脚上正脉冲的宽度流程如图 4-26 所示。

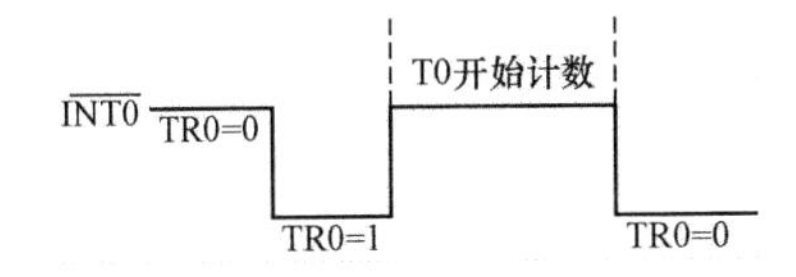

图 4-26 测量正脉冲宽度流程图

汇编程序：

```
LOOP: MOV TMOD,#09H             ;T0 工作在定时模式,工作方式 1,开启门控位 GATE
      MOV TH0,#00H              ;计数初值清零
      MOV TL0,#00H
      JB  P3.2,$                ;等待上升沿的到来
      SETB TR0                  ;启动 T0
      JNB P3.2,$                ;INT0 为 1 时定时器 T0 开始工作
      JB  P3.2,$                ;INT0 为 0 时定时器 T0 停止工作
      CLR  TR0                  ;关闭 T0
      MOV  30H,TL0              ;将计数值存入指定单元
      MOV  31H,TH0
      SJMP $
```

C 程序：

```
#include<reg51.h>
sbit int0=P3^2;
unsigned char a,b;              //定义变量 a,b 存放计数值
void int_0()                    //定义 int_0()为测量脉冲宽度函数
{
TMOD=0x09;                      //T0 工作在定时模式,工作方式 1,开启门控位 GATE
```

```
TL0=0;                        //计数初值清零
TH0=0;
while(int0==1);               //等待上升沿的到来
TR0=1;                        //启动 T0
while(int0==0);               // INT0 为 1 时定时器 T0 开始工作
while(int0==1);               // INT0 为 0 时定时器 T0 停止工作
TR0=0;                        //关闭 T0
a=TH0;                        //将计数值存入指定单元
b=TL0;
}
main()
{
while(1)
int_0();
}
```

五、项目拓展练习

1．利用单片机的定时器实现 P1.0 引脚输出周期为 500ms 的方波。

2．为使交通信号灯时间更为准确，将项目三中定时时间由软件延时的方式改为由定时/计数器定时的方式。

任务十一　串　行　通　信

一、通信

单片机与外部设备之间的信息交换称为通信。通信可以分为并行通信和串行通信，如图 4-27 所示。

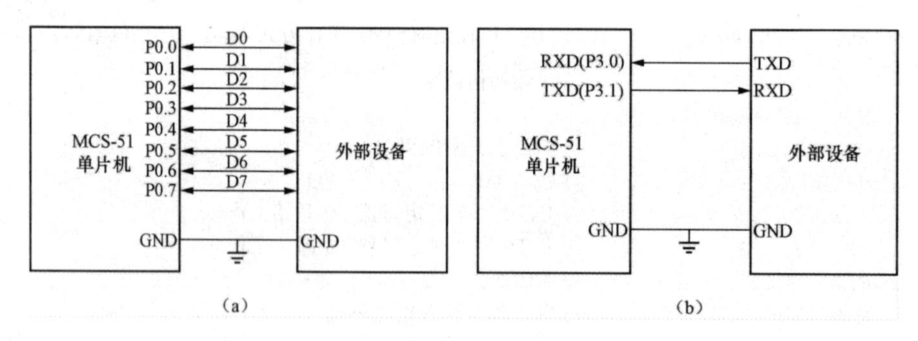

图 4-27　通信示意图

(a) 并行通信示意图；(b) 串行通信示意图

并行通信：多位数据可以同时进行传输，通信速度快；但若通信距离较长，传输线路的成本会随之增加，另外，多位数据在远距离传输中也容易产生信号干扰。因此，并行通信适合短距离的数据通信，如系统内部的数据传输。

串行通信：数据在一根数据信号线上一位一位的进行传输，传输速度较慢，但只需一根数据信号线。串行通信可以节约通信成本，在远距离数据通信中应用十分广泛。

二、串行通信

1. 串行通信的制式

串行通信根据数据的传送方向可分为单工、半双工和全双工三种制式，如图 4-28 所示。

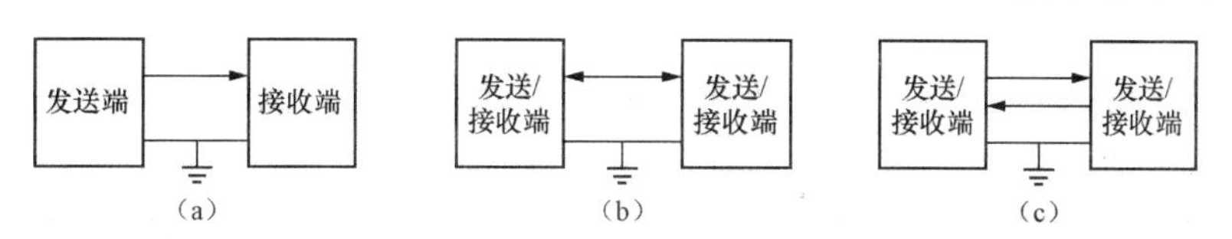

图 4-28　串行通信传输方式

(a) 单工；(b) 半双工；(c) 全双工

（1）单工：在通信时，只允许数据向一个方向传送。

（2）半双工：通信双方都能够收、发数据，但在同一时刻只能向一个方向传送数据。

（3）全双工：通信双方都能够收、发数据，而且允许同时双向传送数据。因此，全双工需配置两根传输线。

2. 串行通信的方式

串行通信有异步通信和同步通信 2 种不同的通信方式。

（1）异步通信。

异步通信适用于信息量小，随机发送、接收数据的场合。异步通信以帧为单位进行数据传送，一帧数据格式如图 4-29 所示。

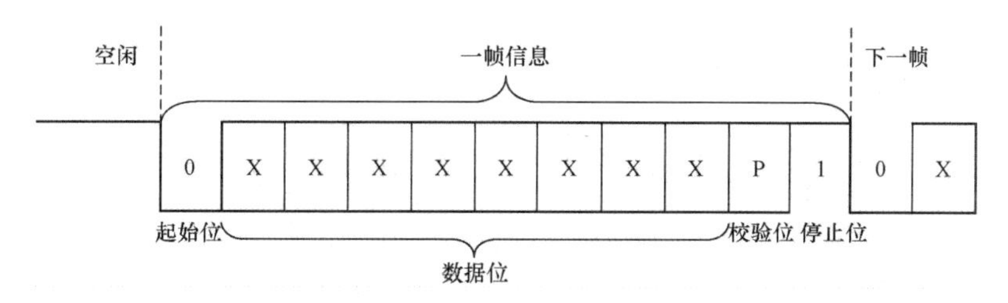

图 4-29　异步通信的字符帧格式

一帧信息由起始位、数据位、奇偶校验位和停止位组成。

1）起始位：位于一帧信息的开头，占 1 位，为低电平，标志传送数据的开始。

2）数据位：即要传送的数据，紧跟在起始位之后，由低位到高位依次传送。

3）奇偶校验位：位于数据位之后，占 1 位，用于校验串行发送数据的正确性。

4）停止位：位于一帧的末尾，占 1～2 位，为高电平，表示数据传送完毕。

在异步通信中，一帧信息包含起始、停止位、奇偶校验位和 8 位数据位，附加位较多，因此，数据传送速度较低，但是对硬件的要求较低，实现起来比较容易，是单片机中常用的数据传送方式。

（2）同步通信。

同步通信适用于传送数据量大、传送速度要求较高的场合。同步通信时，每个数据块传送开始前，接收端和发送端必须先建立同步(即双方的时钟要调整到同一个频率)，才能进行数据的传输。采用一到两个同步字符作为起始标志，接收端把接收到的字符和双方约定的同步字符比较，只有相同后才开始接收同步字符后的数据块。其格式如图 4-30 所示。

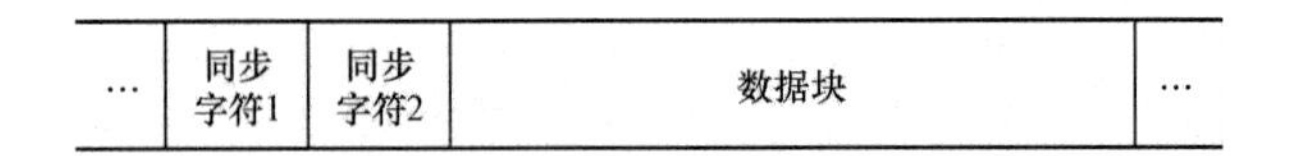

图 4-30 同步通信数据格式

同步通信以数据块为传输单位连续地传送数据，数据之间不留间隙，因而数据传输速率高于异步通信，但同步通信对硬件要求较高。

三、串行通信的波特率

在串行通信中，每位数据的传送时间是固定的，一般用 T_d 表示。T_d 的倒数称为波特率，表示每秒传送的二进制代码的位数，它是串行通信中的重要概念。

1 波特=1 位/秒（即 1bit/s）

在串行通信中，通信双方应有相同的波特率，否则数据传送将会出错。

四、MCS-51 串行口

MCS-51 系列单片机串行接口是一个可编程的全双工串行接口，通过引脚 RXD(P3.0) 和引脚 TXD（P3.1）与外界通信，可以实现异步通信和同步移位寄存器工作方式。

1. 串行口的结构

MCS-51 单片机的串行口内部结构如图 4-31 所示，主要包括串行口控制寄存器、输入移位寄存器、SBUF 等。

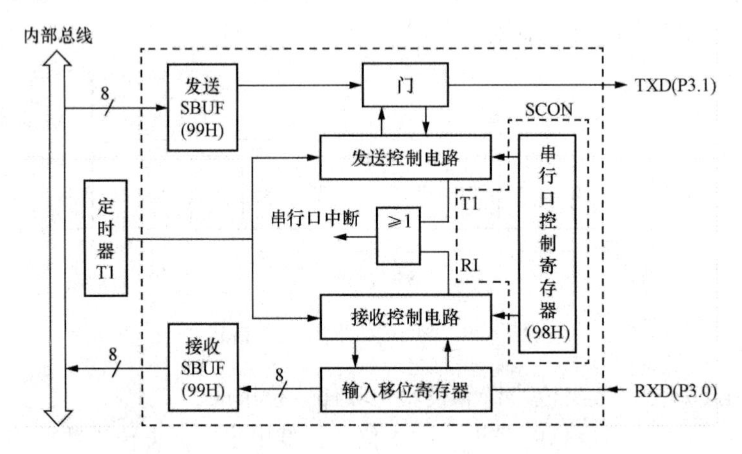

图 4-31 串行口内部结构

串行口控制寄存器：用于定义串行口的工作方式及实施接收和发送控制。

输入移位寄存器：用于将从外设输入的串行数据转换为并行数据。

SBUF：串行数据缓冲器，包括发送 SBUF 和接收 SBUF，两个缓冲器共用一个逻辑地址 99H，但实际上它们有相互独立的物理空间，CPU 会根据收、发情况选择对应的 SBUF。

例如，MOV A，SBUF 中的 SBUF 为接收 SBUF；MOV SBUF，A 中的 SBUF 为发送 SBUF。

定时器 T1：用于产生接收和发送数据所需的移位脉冲，称为波特率发生器。T1 的溢出频率越高，波特率越高，接收和发送数据的速度就越快。

2. 串行口的收、发数据过程

串行口发送数据：发送时，只需将要发送的数据写入 SBUF 中就启动发送。CPU 根据设定好的波特率，在发送控制电路的控制下，每来一次移位脉冲，通过引脚 TXD 向外输出一位。一帧数据发送完成后，向 CPU 发出中断请求，TI 置 1。

串行口接收数据：CPU 自动将接收到的数据存入 SBUF，发出中断请求，RI 置 1。如图 4-31 所示，串行接收由输入移位寄存器和接收 SBUF 构成了双缓冲结构，以避免数据接收过程中出现帧重叠错误。

3. 串行口的控制寄存器

MCS-51 单片机中与串行口相关的特殊功能寄存器有 SBUF、SCON 和电源控制寄存器（PCON）。SBUF 已经在上面进行了介绍，这里就不再重复了。

（1）SCON。

SCON 的字节地址为 98H，可进行位寻址，各位的地址和名称如表 4-13 所示。

表 4-13　　SCON 各位的地址和名称

位号	D7	D6	D5	D4	D3	D2	D1	D0
位地址	9FH	9EH	9DH	9CH	9BH	9AH	99H	98H
位名称	SM0	SM1	SM2	REN	TB8	RB8	TI	RI

SM0 和 SM1：串行口的工作方式选择位。MCS-51 单片机的串行口有 4 种工作方式，如表 4-14 所示。

表 4-14　　串行口的 4 种工作工作方式

SM0 SM1	工作方式	功　　能
00	方式 0	8 位同步移位寄存器输入、输出，波特率=$f_{osc}/12$
01	方式 1	10 位 UART，波特率=$2^{SMOD}\times T1$ 溢出率/32
10	方式 2	11 位 UART，波特率=$2^{SMOD}\times$fosc/64
11	方式 3	11 位 UART，波特率=$2^{SMOD}\times T1$ 溢出率/32

注　UART 通用异步接收/发送器英文缩写。

SM2：多机通信控制位。在方式 2 和方式 3 中，当接收数据时，若 SM2=1，只有接收到的第 9 位数据 RB8=1 时，才接收数据，并将 RI 置 1；否则，数据丢失。若 SM2=0，无论接收到的第 9 位为 0 或者 1，都接收数据，并且将 RI 置 1。方式 0 中，SM2 必须为 0。在方式 1 中，如 SM2=1 只有接收到有效停止位时，才接受数据，将 RI 置 1。

REN：允许/禁止串行接收控制位，由软件进行置位。REN=1 时，表示允许串行接收数据；REN=0 时，则禁止串口接收。

TB8：方式 2 和方式 3 中要发送数据的第 9 位。可根据需要由软件置位。例如，可约定作为奇偶校验位，或在多机通信中作为区别地址帧或数据帧的标志位，TB8=0 表示发送的是数据，TB8=1 表示发送的是地址。

RB8：方式 2 和方式 3 中接收到的数据的第 9 位。

TI 和 RI：发送中断请求标志位和接收中断请求标志位，在任务三中已做过介绍。

（2）PCON。

PCON 的字节地址为 87H，不可进行位寻址，PCON 中只有最高位 SMOD 与串行口控制相关，PCON 结构如表 4-15 所示。

表 4-15 电源控制寄存器 PCON

位号	D7	D6	D5	D4	D3	D2	D1	D0
位名称	SMOD				GF1	GF0	PD	IDL

SMOD：串行口波特率倍增位。SMOD=0，波特率正常；SMOD=1，波特率加倍。

4. 串行口的工作方式

MCS-51 单片机串口有 4 种工作方式，由 SMO、SM1 选择。

（1）方式 0。

SM0SM1=00，外接移位寄存器的工作方式。8 位数据为一帧，没有起始位和停止位，按由低到高的顺序发送或接收数据，波特率固定为 $f_{osc}/12$（一个机器周期传送一位）。方式 0 主要用来外接移位寄存器来扩展 I/O 口，或外接同步输入输出设备。RXD 作为信息接收/发送端，TXD 用于输出移位脉冲。

发送数据时，将发送数据缓冲器 SBUF 的数据串行移动到外接的移位寄存器中，通过引脚 RXD 输出，引脚 TXD 输出移位脉冲，用于使外接移位寄存器移位。8 位数据以 $f_{osc}/12$ 的固定频率输出，发送完一帧数据后，发送中断标志 TI 由硬件置 1。

接收数据时，RI=0，允许接收控制位 REN=1，在移位脉冲的作用下，外接移位寄存器中的数据先通过 RXD 进入输入移位寄存器，然后再送入接收 SBUF 中，并将 RI 置 1。

（2）方式 1。

SM0SM1=01，10 位 UART。一帧信息为 10 位，其中 8 位数据和由硬件自动添加的起始位、停止位。方式 1 是波特率可变的全双工通信模式，波特率=$2^{SMOD}\times T1$ 溢出率/32。TXD 为信息发送端，RXD 为信息接收端。

发送数据时，CPU 执行一条将数据写入发送缓冲器 SBUF 指令后，由硬件自动加入起始、停止位并启动串行口发送。数据由 TXD 引脚按位输出，传送完成后 TI 置 1，TXD 维持高电平，等待下一帧信息的发送。

接收数据时，RI=0、允许接收控制位 REN=1，采样 RXD 引脚状态，当采样到由 1 到 0 的跳变时，启动接收，在移位脉冲的作用下，数据通过 RXD 进入输入移位寄存器中，当接收到停止位时，表示完成一帧信息的接收，具体分为以下几种情况：

1）若 RI=0，SM2=0；则 8 位数据装入 SBUF，停止位存入 RB8，置 RI=1。

2）若 RI=0，SM2=1；若停止位为 1 时，结果与 1）相同。

3）若 RI=0，SM2=1；若停止位为 0 时，所接收数据丢失。

4）若 RI=1，则所接收数据丢失。

无论出现哪种情况，CPU 都将重新检测 RXD 状态，以便接收下一帧信息。

（3）方式 2 和方式 3。

方式 2 和方式 3 都是 11 位的 UART，一帧信息为 11 位，1 位起始位，8 位数据，1 位可编程控制的第 9 位数据和 1 位停止位，适用于多机通信。它们的区别仅在于波特率不同：

方式 2 的波特率=$2^{SMOD}\times f_{osc}/64$；

方式 3 的波特率=$2^{SMOD}\times T1$ 溢出率/32。

发送数据时，先确定要发送的第 9 位（TB8）的值，然后 CPU 执行一条将数据写入发送缓冲器 SBUF 指令后，启动串行口发送，发送过程与方式 1 相同。

接收数据时，RI=0，允许接收控制位 REN=1，接收过程与方式 1 相似。当 SM2=0 或接收到的第 9 位数据为 1 时，才将收到的前 8 位数据存入接收数据缓冲器 SBUF 中，而将第 9 位送入 RB8 中，并置 RI=1，然后继续检测 RXD 端负跳变，准备接收下一帧数据。

方式 2 和方式 3 主要用于多机通信，多机通信的连接如图 4-32 所示，多机通信时主机可以发送信息给各个从机，而从机只能与主机之间进行信息交换。

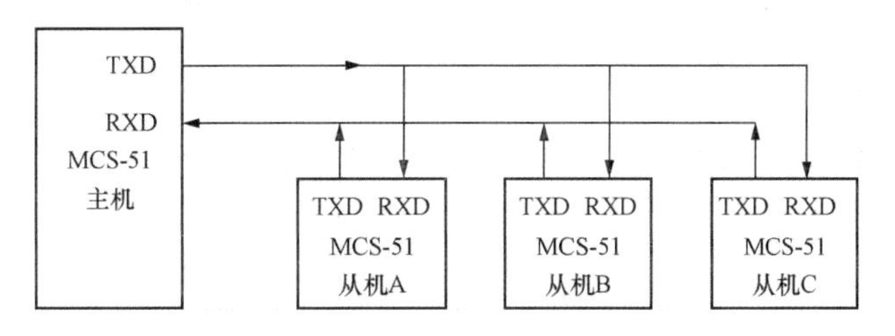

图 4-32　多机通信连接示意图

多机通信的过程：

主机发送的信息分为地址帧（TB8=1）和数据帧（TB8=0）。

1）所有从机的 SM2 位置 1，处于只接收地址帧的状态。

2）主机发送一帧地址信息，TB8=1，所有的从机都能够接收到地址信息。

3）从机接收到地址信息后，各自将接收到的地址与其本身地址相比较。

4）地址匹配的从机为指定从机，将 SM2=0，其他从机仍维持 SM2＝1 不变。

5）主机发送一帧数据信息，TB8=0。对于指定的从机，因 SM2=0，故可以接收主机发送的数据，而对于其他从机，因 SM2=1，将主机发送的数据帧丢失。

6）通信完成后，指定从机恢复 SM2=1，所有从机都处于只接收地址帧的状态，等待下一次与主机的通信。

参 考 文 献

[1] 龚云新．单片机技术与应用．南京：南京大学出版社，2009．

[2] 张志良．单片机原理与控制技术．2 版．北京：机械工业出版社，2005．

[3] 彭伟．单片机 C 语言程序设计实训 100 例——基于 8051+Proteus 仿真．北京：电子工业出版社，2009．

[4] 朱芙菁．单片机原理及应用技术．北京：航空工业出版社，2010．